家居色彩搭配一本通

+ 李晓斌 编著 +

COLOR
MATCHING

人民邮电出版社

北 京

图书在版编目（CIP）数据

家居色彩搭配一本通 / 李晓斌编著. -- 北京：人
民邮电出版社，2019.9
ISBN 978-7-115-49679-9

Ⅰ. ①家… Ⅱ. ①李… Ⅲ. ①住宅－室内装饰设计－
装饰色彩 Ⅳ. ①TU241

中国版本图书馆CIP数据核字(2018)第234916号

内 容 提 要

本书将家居空间配色的各个环节进行了梳理，并从中建立起一条清晰的学习路径，
向读者传授家居空间配色的方法和技巧。

本书从家居配色设计的理念入手，采用家装设计基础知识与案例分析相结合的方
式，由浅入深地对家居配色设计相关知识进行讲解，使读者在了解配色原理的同时，还
能够将这些原理合理地运用于实际的家装设计和生活中，帮助读者完成从基本概念的理
解到配色技巧的掌握。

全书配合设计实例，图文并茂，兼具欣赏性和实用性，可供家装设计师、家居设计
爱好者、学校室内设计专业的师生作为教材使用，还可供装修业主参考。

◆ 编　著　李晓斌
　　责任编辑　刘　佳
　　责任印制　马振武

◆ 人民邮电出版社出版发行　　北京市丰台区成寿寺路 11 号
　　邮编　100164　　电子邮件　315@ptpress.com.cn
　　网址　http://www.ptpress.com.cn
　　雅迪云印（天津）科技有限公司印刷

◆ 开本：700×1000　1/16
　　印张：11.75　　　　　　　　2019 年 9 月第 1 版
　　字数：256 千字　　　　　　2019 年 9 月天津第 1 次印刷

定价：59.80 元

读者服务热线：(010)81055256　印装质量热线：(010)81055316
反盗版热线：(010)81055315
广告经营许可证：京东工商广登字 20170147 号

前　言

在当今社会，人们每天穿梭于繁华的都市之中，每天都忙忙碌碌。当人们感到疲惫的时候，家就显得格外重要。室内设计不需要太多的颜色，以最自然的形式便可以还原生活的本色，帮助忙碌的人们打造一个宁静的心灵港湾。

一个好的室内设计师不仅需要具备专业的素养，而且需要具备敏锐的洞察力。现代人追求一种纯净的视觉享受，同时又极度热衷自己的生活空间有内容、有深度，并具有文化度蕴。

不同的家居设计风格有着不同的韵味，这主要取决于居住者的文化、品位、素质和生活情趣。同时，色彩又在很大程度上影响着整个家居空间的效果。走进一个家，给人的第一印象首先是这个家居空间的整体色彩，其次人们才会逐渐感受这个家居空间所表现出来的韵味。色彩作为视觉的第一要素，影响着人们的生活与心理感受。无论是精心装扮一个舒适的客厅，还是精心布置一个温馨的卧室，家居空间的配色永远起着举足轻重的作用。

本书主要向读者传授家居空间配色的方法与技巧，采取理论知识讲解与案例分析相结合的方式，帮助读者更轻松地理解相关知识并应用到实际的家居配色中来。读者可以从书中了解不同风格配色的家居设计效果，并从中得到参考借鉴。

希望本书能够使读者加深对色彩的领会，充分掌握当代家居空间配色的方法和技巧，并且方便读者从本书中方便、快捷地查找自己所喜爱的家居配色方案。

编者

2018 年 10 月

阅读说明

本书采用理论知识讲解与室内设计案例分析相结合的方式，使读者能够更轻松地理解相关知识并将其应用到实际的家居配色中来。

目　录

第1章　配色的基础理论

第2章　家居配色的基本原则

第3章　家居空间配色印象

第4章　增强家居配色效果的技巧

第5章　家居配色案例解析

第1章
配色的基础理论

　　家居设计配色是家装中的核心内容，它不仅能直观地展现出主人独有的品位，还影响着人们的生活、心理和情绪。掌握色彩搭配的方法与技巧，就能够更好、更省力地装扮家居，打造出更舒适的居家生活。

1.1　色彩的表示方法

　　为了能够在设计中有效地运用色彩，必须将色彩按照一定的规律和秩序排列起来，目前常用的色彩表示方法为色相环与色立体。

1.1.1　色相环

　　色相环是一种以圆形排列的色相光谱，色彩是按照光谱在自然中出现的顺序来排列的。牛顿在 1666 年发现，把太阳光通过三棱镜折射，可以分散出七色的色光，后来人们把太阳光七色概括为六色，并把它们圈起来，头尾相接，就变成了六色色相环，并在相邻的色彩之间加入间色变成了 12 色色相环。牛顿色相环是早期较为科学的表示方法，表示色相的序列以及色相之间的相互关系。牛顿色相环为后来表色体系的建立奠定了一定的理论基础。

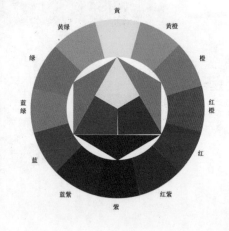

　　在牛顿色相环中，红、黄、蓝三原色位于一个正三角形的三个角所指处。而橙、绿、紫处于一个倒等腰三角形的三个角所指处。三原色中任何一种原色都是其他两种原色之间色的补色；也可以说，三间色中任何一种间色都是其他两种间色之原色的补色。它们表示着三原色、三间色、邻近色、对比色、互补色等相互之间的关系。

1.1.2　色立体

　　虽然色相环在色彩关系上建立了准确的表示方法，但是色彩的另外两个属性——"明度"和"纯度"显然没有从中得到体现，二维的表示方法始终无法表示出三个因素，因此，出现了"色立体"。

　　色立体就是借助于三维空间的形式，同时体现色彩的色相、明度、纯度之间关系的色彩表示方法。

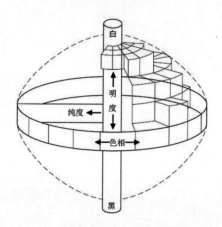

　　色立体的空间立体模型形状有多种，其共同点是：近似地球的外形。其中，贯穿球心的中心轴为明度序列，北极在上且为白色，南极在下且为黑色，球心为灰色。赤道线表示色相环。球体表面的任何一个点到中心轴的垂直线，都表示纯度序列，点越接近球体表面，色彩纯度越高；越接近球心，色彩纯度越低。中心轴垂直线的两端为互补色。

　　色立体就像一部色彩大字典，把色相秩序、纯度秩序、明度秩序都组织得非常严密，并且呈现出色彩的分类、对比和调和的一些规律，具有科学化、标准化、系统化、实用化等特点，方便对色彩的研究、交流和应用。

1.2　配色设计的目的及意义

色彩是一门不可忽视的学问，它是一种涉及光、物与视觉的综合现象。我们每天的生活都被色彩包围着，从自然界的动植物到生活中的衣食住行等各个方面，都充满了色彩组合。

1.2.1　认识色彩

色彩是通过眼睛、大脑，结合生活经验所产生的一种对光的视觉效应。如果没有光线，我们就无法在黑暗中看到任何物体的形状与色彩。色彩是与人的感觉和知觉联系在一起的，在我们认识色彩的时候，所看到的并不是物体本身的色彩，而是对物体反射的光通过色彩的形式进行的感知。

光是色彩存在的必备条件，下面我们就来了解一下色彩产生的理论过程。

色彩是由于物体有选择地吸收、反射或是折射色光而形成的。光线照射到物体之后，一部分光线被物体表面所吸收，另一部分光线被反射，还有一部分光线穿过物体被透射出来。也就是说，物体表现出什么颜色，就是反射了什么颜色的光。色彩，也就是在可见光的作用下产生的视觉现象。

我们日常所见到的白光，实际上是由红、绿、蓝三种波长的光组成的。物体经光源照射，吸收和反射不同波长的红、绿、蓝光，经由人的眼睛，传达到大脑，就形成了我们所看到的各种颜色。也就是说，物体的颜色就是它们反射的光的颜色。

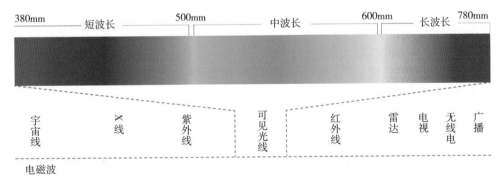

1.2.2　色彩的作用

一般情况下，我们通过视觉、听觉、嗅觉、味觉、触觉获取外界信息，而色彩是构成视觉的重要元素之一。色彩的运用，对人们的生活产生了巨大的影响，发挥着不可替代的作用。

　　对色彩的运用能够有效地划分不同的功能区域，并且使区域的整体层次更加丰富。在该厨房的设计中，使用灰色作为墙面和地面的主色调，而橱柜则分别采用了蓝色和木纹色的搭配，使得厨房的色彩层次更加丰富，表现出现代、年轻、洁净的格调。

　　色彩在家居设计中最大的作用就是能够有效地烘托空间氛围。在该儿童房的设计中，使用天蓝色作为墙面的主色调，搭配白云和大树的图案装饰，使儿童房充满了大自然的气息，并且房间中的家具也都采用了原木色，体现出自然和原生态的风格。在房间中局部点缀高纯度的鲜艳色彩，表现出儿童天真、活泼的天性。

提示

　　色彩作为视觉信息，无时无刻不在影响着人类的生活。美妙的自然色彩，刺激着人们的视觉，感染着人们的心理情感，提供给人们丰富的视觉空间。

1.2.3　色彩三属性

　　色相、明度和纯度（也称为饱和度）被称为色彩的三个属性。它们分别表示色彩的相貌、色彩的深浅程度以及色彩的鲜艳程度。理解了这三个属性，就可以大致地选择出需要的色彩。人们在认识色彩的过程中，首先识别的是色相，然后是明度和纯度。

1. 色相

　　色相是指色彩的相貌，是区分色彩种类的名称。通常色相作为色彩重要特征之一，是人类区分不同色彩的标准。除了黑、白、灰以外的所有色彩都有色相属性，基本色相为红、橙、黄、绿、青、蓝、紫。

　　在可见光谱中，红、橙、黄、绿、青、蓝、紫每一种色相都有自己的波长与频率，它们从短到长按顺序排列，就像音乐中的音阶顺序，有序且和谐。光谱中的色相构成了色彩体系中的基本色相。

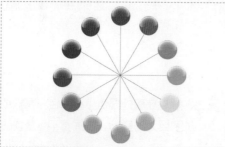
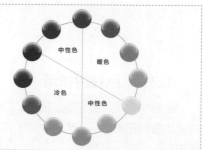

基本色相取中间色，即得到 12 色相环，按照光谱的顺序划分为：红、红橙、黄橙、黄、黄绿、绿、青绿、青蓝、蓝、蓝紫、紫、红紫。

大部分的红、橙色相属于暖色，给人温暖、热情的感觉；而大部分的蓝色、青色等色相属于冷色，给人寒冷、安静的感觉；其他没有明显冷暖倾向的颜色属于中性色。

在色相环中，通过中心点处于对角位置的两种色彩称为互补色（例如红色与绿色、橙色与蓝色等），因为这两种色彩的差异最大，所以当它们在配色中并置时，各自的色彩特征会相互衬托得格外明显。因此补色配色是极为常见且具有代表性的配色方式。

2．明度

色彩的明度是指色彩的深浅程度。各种有色物体由于反射光量的不同而产生不同的明暗强弱。色彩的明度分为两种情况：一种是同色相的不同明度；另一种是不同色相的不同明度。

不同的色彩具有不同的明度，任何色彩都存在明暗变化。在彩色中，明度最高的是黄色，明度最低的是紫色。红色、橙色、蓝色、绿色的明度相近，为中间明度。

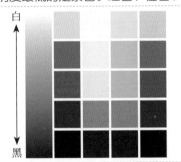

色彩的明度变化：越往上的色彩明度越高，越往下的色彩明度越低。

该客厅使用接近白色的浅黄色作为主色调，给人一种温馨、舒适的感觉，搭配明度和纯度都比较低的深棕色电视背景墙和茶几，使客厅的空间层次感更加强烈。

> **提示**
>
> 同一色相的明度中也存在深浅的变化，如蓝色中由浅到深有浅蓝色、淡蓝色、天蓝色等明度变化。在一幅画面中加入不同明度的色彩也有助于表达画面情感。

3．纯度

纯度是指深色、浅色等色彩鲜艳度的判断基准。纯度最高的色彩是原色，随着纯度的降低，就会变为暗淡的、没有色相的颜色。纯度降到最低时就会失去色相，变为无彩色。

同一个色相的颜色，没有掺杂白色或黑色则被称为"纯色"。在纯色中加入不同明度的无彩色，会出现不同的纯度。以红色为例，在纯红色中加入一点白色，纯度下降，而明度提升，纯红色会变为淡红色。继续增加白色的量，颜色会越来越淡，变为淡粉色。如果加入黑色，则相应的纯度和明度同时下降；如果加入灰色，则会失去光泽。

（纯度阶段图）

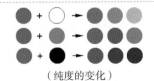

（纯度的变化）

儿童房通常使用高纯度的色彩进行设计，从而突出表现儿童的天真与活泼。在该儿童房的设计中，使用纯度较高的多种色彩进行搭配，使用土黄色作为墙面色彩，使空间表现更加温馨。搭配多种高纯度的色彩，使孩子仿佛置身于童话世界之中。

成年人的卧室通常都会使用低纯度的色彩进行搭配，从而营造出一种舒适而安静的空间氛围。在该卧室设计中，使用低纯度的浅灰色作为墙面主色调，搭配白色的家具以及同样纯度的桌上用品，使得整个卧室空间显得洁净、安静。

1.2.4　色彩的分类

现代色彩学根据全面、系统的观点，应用科学的方法，将色彩分为无彩色和有彩色两大类。无彩色包括黑、白和灰色，有彩色包括红、黄、蓝等除黑、白和灰色以外的任何色彩。

1. 无彩色

无彩色系是指黑色和白色，以及由黑、白两色混合而成的各种灰色系列。其中黑色和白色是单纯的色彩，而灰色却有着各种不同的深浅。无彩色系的颜色只有一种基本属性，那就是"明度"。

无彩色系的色彩虽然没有彩色系那样光彩夺目，却有着彩色系无法代替和无法比拟的重要作用。

使用黑、白、灰的无彩色进行搭配，可以表现出一种个性与高雅的格调。该卧室的设计就采用了无彩色的黑、白、灰进行搭配，墙面上的装饰都是黑白的装饰画，使整个卧室空间看起来富有个性。但是为了避免都使用无彩色所表现出来的单调，为桌子上的花朵、床上的抱枕点缀了鲜艳的洋红色，从而使卧室空间不会过于单调。

2. 有彩色

有彩色是指带有标准色彩倾向，具有色相、明度、纯度三个属性的色彩。光谱中的所有色彩都属于有彩色。以红、橙、黄、绿、青、蓝、紫为基本色，基本色之间不同比例的混合，以及基本色与黑、白、灰（无彩色）之间不同比例的混合，产生了成千上万种有彩色。

大多数的室内设计都会采用有彩色来，以给人带来特定的色彩印象。该卧室的设计非常特别，使用了原木的木板作为房间的墙面、层顶和地面，搭配藤条编制的沙发，给人一种纯天然的自然印象，而床上用品则采用了墨绿色与天蓝色的搭配，给人一种自然、清爽、洁净的印象。

提示

除了以上两种色彩分类外，在有彩色中还可以细分出特殊色。特殊色包括金色、银色和荧光色等。特殊色除了具有不同的色彩之外，通过特殊的技术处理，还能够表现出不同的光泽效果。

1.2.5　配色

配色也称为色彩设计，即处理好色彩之间的相互关系。为了便于寻找所需要的标准色，我们将其秩序化地排列组合，并以特定的名称标识出来。想要学好配色，需要先掌握配色的方法与规律。

1．原色

原色是指不能通过其他色彩的混合调配而得到的基本色彩。将原色按照不同的比例混合，能够产生其他的新色彩。色光的三原色（RGB）是红色、绿色和蓝色，用于计算机、电视等屏幕显示。不同的色光混合会越来越亮。色彩的三原色（CMY）是品红、黄色和青色，即我们常说的"红、黄、蓝"。色彩三原色是实际的彩色印刷物所使用的色彩模式，色彩三原色混合则色彩越来越暗。

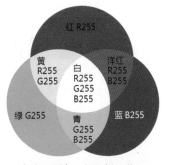

色光三原色：红、绿、蓝

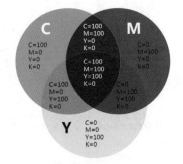

色彩三原色：品红、黄、青

2．间色

间色又称为二次色，由红、黄、青 3 种颜色中的任意两种原色相互混合而成。将红色与黄色进行混合可以得到橙色；将黄色与青色进行混合则可以得到绿色；将红色与青色进行混合则可以得到紫色或蓝色。红、黄、青 3 种颜色混合的比例不同，则间色也随之发生变化。

3．复色

复色又称为三次色，由 3 种原色或间色与间色混合而成，形成接近黑色的效果。复色的纯度低、种类繁多、千变万化，但多数较暗灰，容易显脏。

4．邻近色

在 12 色相环中，凡夹角小于 90° 的颜色（例如红色与橙色、黄色与绿色等），都可以称为邻近色。邻近色的搭配有一定程度的色相差异，给人协调而生动的感觉。

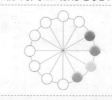

该卧室使用纯度较低的浅黄绿色作为墙面的主色调，给人一种清新、自然的印象。搭配邻近的黄色窗帘和橙色条纹床上用品，整体配色效果协调而自然。

5．类似色

类似色往往是"你中有我，我中有你"。以红橙色与黄橙色为例，红橙色以红色为主，里面带有少量的黄色；而黄橙色以黄色为主，里面带有少许的红色。在 12 色相环中，凡夹角小于 60° 的颜色，都可以称为类似色。类似色由于色相对比不强烈，能够给人统一、平静的感觉，在配色中比较常用。

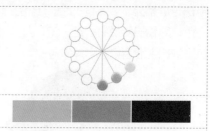

该卧室使用了不同明度和纯度的黄绿色作为墙面主色调，给人一种自然、宁静的印象。搭配无彩色的深灰色和浅灰色家具，给人一种高品质的质感。

6．对比色

在 12 色相环上，一种色相与其补色左侧或右侧的色相构成对比色关系。例如，橙色与蓝色和青绿色能够形成对比色关系。在色相环中，夹角为 120° 的两种颜色互为对比色，具有较为强烈的单纯对立效果。

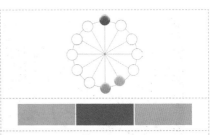

　　该儿童房使用粉红色作为墙面的主色调，表现出小女生的甜美与浪漫情怀。搭配墨绿色的装饰和窗帘，与粉红色墙面形成对比，为房间增添了自然的气息。

1.2.6　色调

　　色调是指设计中的色彩总体倾向，即各种色彩的搭配所形成的一种协调关系。在大自然中，我们经常见到不同颜色的物体被笼罩在一片金色的夕阳余晖之中，或者被洁白的雪花所覆盖。这种不同颜色的物体上笼罩着某一种色彩，使不同颜色的物体都带有同一色彩倾向的现象就是色调。色调对色彩印象的影响力很大，通常可以从色相、色调、明暗、冷暖、纯度等方面来定义设计作品的色调。

　　即使使用同样的色相进行搭配，色调不同，也会使其传达的情感相去甚远。因此，针对不同的对象和目的进行对应的色调搭配显得尤其重要。

　　在纯色中加入白色的色调效果被称为"亮纯色调"，而在纯色中加入黑色所形成的色调被称为"暗纯色调"。此外，在纯色中加入灰色所形成的色调被称为"中间色调"。

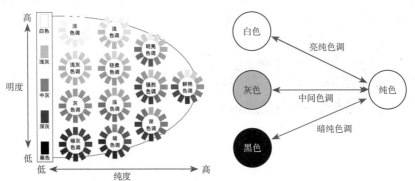

　　在蓝色中加入白色，可得到高明度的浅蓝色。该厨房就是使用高明度的浅蓝色作为主色调，搭配白色的橱柜和家具，使整个厨房空间表现出明亮、洁净、清爽的格调。

在黄色中加入黑色，可得到低明度、低纯度的棕色。该客厅就是使用深棕色作为主色调，包括深棕色的木纹橱柜、地板、沙发等，统一的色调搭配给人一种温馨、舒适的印象。点缀深蓝色的沙发，以活跃空间的氛围。

1.3 色彩的意象

当我们看到色彩时，在心理上会产生一定的感觉，这种感觉就是色彩的意象。本节介绍一些具有代表性的色彩意象。

1.3.1 色相的意象

在色彩三要素中，对人们心理影响最大的是色相。例如，红色让人感到热情与兴奋，绿色能够安抚人的情绪。不同的色相能够使人联想到不同的事物与情感。

1．红色

红色让人联想到燃烧的火焰、涌动的血液、浪漫的玫瑰、香甜的草莓等，在心理上给人刺激、兴奋、热情、活跃、紧迫、愤怒的感觉。与强烈情感联系在一起的色彩，象征团结、爱情、革命等。红色常常作为警示色彩，代表着危险。

使用高纯度的红色作为在主色调并不常见，通常都是使用红色作为点缀和装饰色。该儿童房使用高纯度的红色作为主色调，与白色相搭配，活泼可爱的少女气息扑面而来。居住在这样的房间里，女孩们似乎离公主梦更近了一些。

2．橙色

橙色让人联想到丰收的季节、温暖的太阳、成熟的橘子等，同时在心理上产生温暖、年轻、时尚、勇气、活力、危险等感觉；也会带有消沉感，表现出烦闷、颓废、悲伤等。

纯度较高的橙色是一种鲜亮而富有活力的色彩，在与儿童相关的家居配色中常使用橙色进行搭配。该儿童房使用高纯度的橙色作为主色调，搭配白色的家具，使整个房间富有活力。点缀少量的绿色，表现出儿童天真、活泼的个性。

3．黄色

梵高曾说过，黄色是一种金子的色彩，是一种太阳的创造。黄色会让人联想到酸酸的柠檬、明亮的向日葵、香甜的香蕉、淡雅的菊花等，同时使人在心理上产生快乐、明亮、积极、年轻、活力、轻松、辉煌、警示的感受。

　　黄色在家居设计中的应用非常普遍，特别是明亮的浅黄色，能够给人一种温馨、舒适的感觉。该地中海风格的客厅使用明亮的浅黄色作为墙面主色调，地面使用了土黄色花纹地砖，搭配白色的欧式风格家具，使整个客厅的空间氛围清爽而温馨。

4．绿色

绿色是人们在自然界中看到最多的色彩，让人立刻联想到碧绿的树叶、新鲜的蔬菜、微酸的苹果、鲜嫩的小草、高贵的绿宝石等，同时使人在心理上产生健康、新鲜、生长、舒适、天然的感觉，象征着青春、和平和安全。

　　绿色是一种自然的色彩，能够缓解疲劳，给人带来宁静感。该书房使用中等明亮的墨绿色作为墙面主色调，搭配白色的家具，给人一种简洁、宁静、回归大自然的感受，人在这样的环境中能够静下心来处理工作。

5．青色

青色可以说是草绿色和蓝色的结合体，但在自然界中它并不多见，青色通常会给人带来凉爽清新的感觉，可以使人从原本兴奋的状态中冷静下来。色彩和心理学家分析说，青色可以给一个心情低迷的人一种特殊的信息与活力。

　　青色具有绿色的自然感，也具有蓝色的清爽感。该厨房配色中使用白色的家具作为主色调，给人一种洁净感。木纹色的台面与木纹色的地板相呼应，表现出自然的格调。在局部墙面搭配青色，使得整个厨房空间看起来更加清爽、洁净。

6. 蓝色

蓝色让人想到辽阔的天空、宽广的大海、清澈的池水、晶莹的泪滴等，能使人在心理上产生清爽、透明、寒冷、冷静、通透的感受。

蓝色也是一种清新而自然的色彩，会让人感觉到清爽、放松。该田园风格的客厅使用蓝色作为墙面的主色调，搭配白色的家具，给人一种清爽、自然的感觉。棕色的地面、红色的格纹沙发与蓝色的墙面形成对比，使客厅空间多了一份温暖和舒适感。

7. 紫色

紫色是人们在自然界中较少见到的色彩，它能够让人联想到优雅的紫罗兰、芬芳的薰衣草等，具有高贵感，可以营造出高尚、雅致、神秘与阴沉等氛围。

紫色给人一种阴郁而神秘的感觉，在家居设计中并不适合大面积使用，而如果在局部进行点缀，往往能够起到较好的效果。该卧室使用高明度的浅粉紫色作为墙面的主色调，给人一种淡雅、唯美的感觉。为床点缀紫色的沙帐，突出紫色的表现力，使得整个卧室空间给人留下一种唯美、浪漫的印象。

8. 黑色

在生活中无光照射时，会呈现出"一片漆黑"，仿佛一切都处于停止状态。黑色让人想到漆黑的夜晚、乌黑的头发、煤炭、黑芝麻等。在欧美国家，黑色是哀悼的象征，给人静止、失望、恐怖、有力度、高贵等印象。

在家居设计中合理使用黑色与其他色彩进行搭配，能够表现出空间的高档感。该客厅的配色比较质朴，整体采用了纯度较低的土黄色作为主色调，搭配深棕色的窗帘和地毯，给人一种舒适而自然的感受。沙发和茶几则采用了黑白的经典搭配，并且与黑色的台灯相呼应，使客厅的整体设计更显高档。

9. 白色

白色是人们最喜爱的色彩之一，让人想到朵朵白云、崭新的纸张、浓醇的牛奶、甜甜的棉花糖、飞舞的雪花等。生活中见到一片洁白，会使人感到处于清新洁净的环境之中。

白色能够给人带来轻盈、洁净、单纯、正义、空旷、开放的心理感受。

　　白色在家居配色设计中使用非常普遍，是最常使用的颜色。白色是居室墙面最常使用的颜色，能够充分衬托出家具的色彩，并且使空间看起来更加宽敞。在该客厅设计中，使用白色作为墙面的主色调，搭配白色的家具和蓝白条纹的沙发，使整个客厅空间看起来明亮、宽敞、简洁而清爽。

10. 灰色

灰色是不含色彩倾向的中性色，会让人联想到生活中雾蒙蒙的天空、厚厚的灰尘、蜿蜒的公路等，会让人在心理上产生隐蔽、模糊、抑郁、柔弱和寂寞的感觉。

　　灰色给人一种沉寂、中庸的印象，并且不同明度的灰色给人的印象也有所不同。办公室或者书房的装修常常会使用各种不同明度的灰色作为主色调。例如，本案例的书房就是使用了浅灰色作为墙面的主色调，搭配深灰色的背景墙和白色的家具，整体空间给人一种低调、严谨的感觉，非常适合日常办公。

1.3.2 色调的意象

　　人们在日常生活中往往比较重视对色相的选择，而容易忽略色调的作用。其实色调的效果是非常强烈的，每种色调都具备特有的意象感觉，可以凝聚整体的配色效果，提高设计的质感。

1. 淡色调

淡色调给人轻柔、天真、浪漫、透明、欢愉、简洁、干净、纤细、寂寥、无趣、没主见之感。

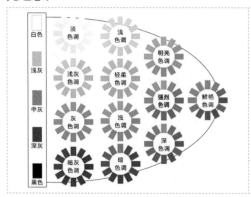

淡色调是指在纯色中加入大量的白色,可大大提升色彩的明度,降低色彩的纯度。	该厨房使用白色作为主色调,搭配浅黄色的台面和窗帘,淡色调配色使得整个空间显得非常洁净、温馨。

2. 浅色调

浅色调给人清爽、纯净、朴实、天真、快乐、澄清、透明、平和、舒适、不可靠、肤浅、孩子气的感觉。

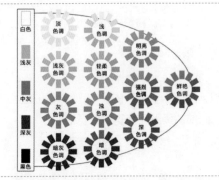

浅色调是指在纯色中加入比淡色调较少一些的白色,形成较为爽快、明朗的感觉。	该卧室使用浅绿色作为墙面的主色调,给人一种清爽、自然、健康的印象。深棕色的家具显得厚重,给人一种踏实感。

3. 浅灰色调

浅灰色调给人以内涵、雅致、稳重、有深度、成熟、舒畅、消极、冷淡、呆板的感觉。

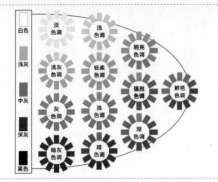

浅灰色调是指在纯色中加入大量的白色和少许灰色,以减弱纯色的强硬感和个性。	该小户型客厅采用了浅灰色调作为主色调,墙面使用高明度的浅土黄色作为主色调,搭配灰色的地毯和浅米白色沙发,给人留下一种舒适、和谐的印象。

4. 轻柔色调

轻柔色调给人朦胧、温柔、温和、甘甜、高雅、和蔼、稳重、舒畅、柔弱、慵懒、缺少活力的感觉。

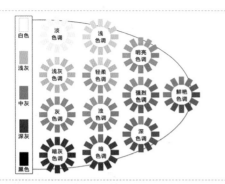

轻柔色调是指在纯色中加入比浅灰色调更多的灰色，非常适合用于表现优雅气质的主题。

该卧室使用轻柔和浅黄绿色作为主色调，浅灰绿色的墙面搭配米白色的沙发和床，而床上用品则采用了绿色条纹，整体给人温和、舒适、自然的印象。

5．明亮色调

明亮色调给人活泼、热情、强有力、充实、动感、原始、年轻、明朗、幽默、纯真、肤浅的感觉。

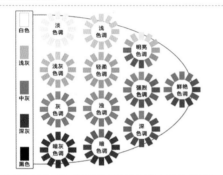

明亮色调是指在纯色中加入少量的白色所形成的色调，色彩纯度较高，很明朗。

该儿童卧室使用明亮的蓝色作为主色调，蓝色的墙面搭配不同明度的蓝色和绿色的床上用品，给人一种明朗、清澈、年轻的印象。

6．鲜艳色调

鲜艳色调给人鲜明、清晰、醒目、健康、热情、艳丽、积极、生动、随意、粗俗、肤浅、低档的感觉。

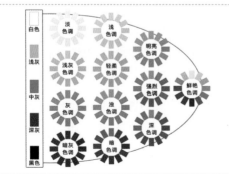

| 鲜艳色调是指不添加任何无彩色成分的色调，色彩表现非常直接、艳丽，视觉刺激感较强。 | 该儿童房使用多种高纯度鲜艳的色彩进行搭配，红色、橙色、黄色、蓝色、绿色等多种色相的对比给人活跃、兴奋的感受。 |

7．强烈色调

强烈色调给人稳重、成熟、高档、朦胧、浑浊、田园、庄严、高雅、保守、沉重、无创造性的感觉。

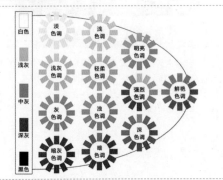

| 强烈色调是指在纯色中加入少量灰色的色调，使色彩显得更加柔和、自然。 | 该卧室采用了强烈色调的配色设计，高纯度的蓝色作为墙面主色调，搭配同等纯度的绿色，突出白色家具的表现，整体给人一种高雅、有格调的印象。 |

8．浊色调

浊色调给人优雅、高档、稳重、古朴、成熟、朴素、安静、年长、迟钝、土气、保守的感觉。

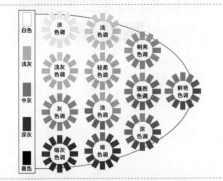

| 浊色调是指在纯色中加入比强烈色调更多的灰色色调，它是易于搭配的色调。 | 该卧室采用了浊色调的配色，使用灰蓝色作为墙面主色调，给人清爽自然的感受。搭配土黄色的窗帘与床，整体表现更加优雅、舒适。 |

9．深色调

深色调给人充实、稳重、高级、成熟、有格调、浓重、传统、朴实、认真、沉重、威严的感觉。

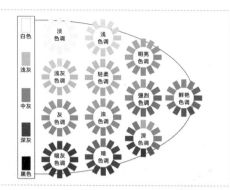

深色调是指在纯色中加入少量黑色的色调，使色彩显得更加厚重、有力。

该卧室整体采用深色调的搭配，深土黄色的墙面搭配棕色的家具和地板，给人一种稳重而朴实的印象。点缀彩色的墙画和条纹地毯，为卧室空间增添了活力和生气。

10. 灰色调

灰色调给人稳重、柔韧、时髦、朦胧、高档、暗淡、浑浊、朴素的感觉。

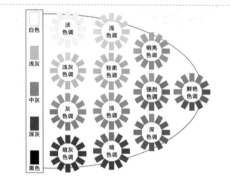

灰色调是指在纯色中加入灰色之后，再加入黑色形成的色调，给人以稳定、厚重的感觉。

该卧室采用灰色调的搭配，深灰色的墙面搭配白色的窗帘和床上用品以及浅灰色的抱枕，整体给人一种稳重、高档的感觉。在卧室中点缀一些绿色植物，使卧室空间增添一些自然生气。

11. 暗色调

暗色调给人高档、稳重、安定、结实、高级、成熟、朴素的感觉。

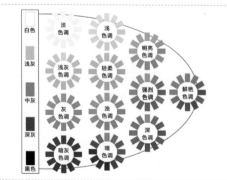

暗色调指的是在灰色调的基础上加入更多黑色的色调，显得厚重感更强。	该客厅使用深棕色作为主色调，深棕色的地板、家具和背景墙，使得整个客厅空间表现出稳重、成熟的感觉。通过暖色系灯光的烘托，客厅空间也显得更加温馨。

12. 暗灰色调

暗灰色调给人强力、高级、厚重、可信、高端、坚固、沉稳、阴郁、庄严、黑暗、恐怖之感。

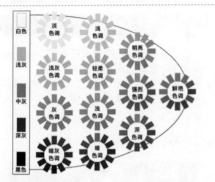

暗灰色调是指在纯色中加入大量黑色，从而大大降低色调的明度和纯度，具有很强的表现力。	该客厅使用明度和纯度都很低的暗灰色调进行配色，深棕色的家具搭配暗灰色的地毯，使客厅空间给人一种厚重、高端、沉稳的印象。

1.4　色彩与家居设计

　　居家空间可以说是最容易发挥色彩特色本质的空间之一了，特别是四方空间，它汇集了客厅、餐厅、厨房、书房、卧室等不同功能，又是人们长时间进行活动、产生互动的区域，同时还承载了诸多人们的情感寄托。

　　所以，谈及色彩对于家居环境的重要性，除了从感性层面的"个人喜好"，即"认同感"进行切入，还需要从理性层面来探讨色彩的实际作用，例如色彩如何决定空间属性、如何规范生活行为、如何影响心理层面等。通过科学性与数据性的分析与归纳，我们整理出了一套家居色彩搭配原则，掌握了这些原则，我们才能轻松驾驭绚丽多姿的色彩，让居家环境自然优美、舒适迷人。

1.4.1　色彩对室内空间的影响

　　随着时代的发展，人们对现代空间的要求是：既要最大程度地满足室内空间的使用功能，又要能够使置身其中的人身心愉悦。色彩的运用既简单环保，又能够使室内装饰得到很好的体现效果。色彩对于室内空间的影响主要表现在以下几个方面。

1. 大与小

　　每个人购买的居家面积大小不尽相同。对于无法任意改变的空间大小，最好的方法就是从挑选与搭配色彩着手，利用色彩本身的明度、饱和度等属性，或是进行单色粉刷，或是使同色系呼应，或是使双色互补对比，来强化空间的视觉张力，进而使居家空间具有放大的视觉感。

　　该客厅使用了中等明度的同色系浅黄色进行粉刷，顶部、墙面以及地面能够形成良好的呼应，从而有效地放大客厅空间，并且黄色系的应用会使客厅表现出温馨与舒适感，搭配纯白色的家具，从而使整个空间看起来简洁、明朗。

2. 轻与重

　　除了面积的大小，空间还有高低不同的结构。如果天花板太低，容易有重量压迫感；天花板太高，又会使人觉得太过空洞轻浮。想要适时地调整空间在视觉上的高与低，利用色彩明度属性中高明度轻与低明度重的原则，通过视觉感官所接收到的收缩与膨胀，可以反转空间尺度。

　　该客厅的层高较高，为了使客厅空间显得不至于太过轻浮，在客厅中使用了米黄色与黑色的沙发和家具相搭配，并且搭配了棕色的地毯。这些低明度色彩的应用都会使整体氛围沉下来，表现出稳重、踏实的印象。黑色与米黄色的搭配，会显得高档而富有现代感。

3. 明与暗

　　如果室内有很多扇窗户，自然光交相串流，室内就会显得过于明亮刺眼；如果室内呈现狭长型，部分房间、餐厅或卫浴无法拥有对外窗户，缺少自然光照明，容易显得阴暗局促。这时候借助颜色明度的亮暗与饱和度的浓淡，就能明化或暗化空间，营造出最舒适的空间感光度。

　　该儿童房空间较大，为了增强其明亮感，使用浅蓝色与白色作为房间的主色调，给人一种清爽、自然、舒适、明亮的感受。点缀少量红色等鲜艳的色彩，表现出儿童的天真、活跃的个性。

4. 冷与暖

　　不同地区的纬度高低，自然就有截然不同的气候环境，因此生活在不同地区的人们会希望室内有不同程度的温度情境，这时只要调整颜色本身的明度与饱和度的适宜百分比，便能够衍生出或冷或暖的视觉感受。所以，高纬度室内适宜低明度、高饱和度的温暖配色，低纬度的室内则适宜高明度、低饱和度的清凉色系，以提升生活舒适度。

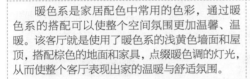

　　暖色系是家居配色中常用的色彩，通过暖色系的搭配可以使整个空间氛围更加温馨、温暖。该客厅就是使用了暖色系的浅黄色墙面和屋顶，搭配棕色的地面和家具，点缀暖色调的灯光，从而使整个客厅表现出家的温暖与舒适氛围。

　　这是某餐厅的色彩搭配，以纯白色为基调，给人一种纯净、明亮、洁净的感受。搭配蓝色的桌布和椅子，给人一种非常清爽、自然、明朗的感受。

1.4.2　色彩对人心理的影响

　　色彩与光线一样，也会对人的心理产生影响，因此在室内家居色彩的搭配上，使用不同的色彩搭配能够给人们带来不同的心理感受。室内家居色彩搭配要注意平衡，因为只有平衡才自然，才适合人们生存与发展的需要。

1．热闹与安静

　　家居空间汇聚着多种生活情感，有时候我们想要热闹，有时候我们只想安静。所以用于接待亲友聚会的客厅、餐厅，可以使用高饱和度颜色，或是通过多重配色，来装点其活泼气氛。至于私密性较强的书房与卧室，单一低明度或低饱和度的配色，便足以赋予空间一丝静谧之感。

　　该客厅应用了多种色彩搭配，灰绿色的电视背景墙搭配深青蓝色的木质沙发背景，以及棕色的大理石地面，使整个空间自然而活跃。灰蓝色的格纹沙发搭配白色的家具，使客厅表现出田园气息，让人感觉自在而舒适。

　　卧室是人们休息的地方，通常使用低饱和度的单一色系进行搭配，从而给人一种安静、舒适的氛围。该卧室则使用了单一的棕色系进行搭配，土黄色的墙面搭配深棕色的家具和地板，整体氛围安静、温馨、舒适。

2．成熟与幼稚

一家多口居住在一起，成员的年龄有大有小，其对颜色也各有不同的喜好，空间颜色的挑选最好能够因人而异。大人的空间，例如卧室、书房或休闲室，可以挑选饱和大地色系或低明度的颜色，表现出空间的成熟感；儿童房或游戏间，使用两种以上的高饱和度颜色进行搭配，则可以演绎出活泼感。

棕色是一种自然的色彩，在家居配色中经常使用。该书房使用了棕色作为主色调，使整个书房空间表现出一种静谧、自然的氛围。

儿童房通常都会采用高饱和度的色彩作为主色调。该儿童房使用蓝色作为主色调，点缀多种不同的色彩，整体表现出活跃的氛围，符合儿童天真、活泼的个性。

3．健康与忧郁

有时候长时间看某些颜色，会因为其太过阴暗、混浊或单调，很容易使人情绪低落，而看到某些明亮、清爽、鲜艳的颜色，则会让人觉得朝气十足。因此，居家空间如果挑选让人能感到愉悦的色调，如高明度、高饱和度的自然色系，住起来便会舒适自在。

该卧室使用了中等饱和度的黄绿色作为墙面主色调，给人一种健康、自然、清新的感觉。搭配黑色与白色的家具，以及浅黄绿色和青色的床上用品，使卧室的整体氛围更加清新、自然，让人感觉轻松、自在。

4．新颖与陈旧

颜色本身的明度与饱和度差异，也能够改变空间给人的既有感受。如白色系、黄色系与绿色系，因为其清新洁净的感官认知，会让空间看起来明亮、清新。如果是暗沉的大地色系、深蓝色系或黑灰色调，因为其色彩感光度不高，就会给人一种阴暗、混浊感，就算是新建的居家空间，也会让人觉得老旧或古板。

　　浅黄色的墙面搭配棕色花纹的大理石地砖，使客厅表现出柔和、温馨的氛围。搭配白色的家具以及蓝色的大幅壁画，整体犹如一幅清新、自然的田园画卷。

　　该书房使用了暗沉的棕色系色彩，棕色给人一种厚重、踏实、成熟的印象，点缀紫红色的沙发，表现出典雅的风格，并且具有一丝复古的情调。

1.4.3　色彩对人行为的影响

　　人的切身体验表明，色彩对人的心理活动有着非常重要的影响，特别是和情绪有着非常密切的关系。人的行为也会受到色彩的影响，这是因为人的行为很多时候容易受到情绪的支配。

1．休息与活动

　　颜色影响心理，行为受心理支配，那行颜色也会影响行为。白色、黑色以及单一色调，能够给人平和、和谐之感，所以需要安静的书房和卧室，可以通过这类颜色达到期望的效果。相反，饱和度高的色系，如黄色或红色，让人感受到热血和活力，因此健身室和游戏室可以借此营造出激昂的律动感。

　　该书房采用了纯白色与浅木纹色的搭配，使得整体表现出一种和谐、自然的氛围。单一柔和的色调相搭配，给人一种惬意、悠闲的感觉。

　　该健身房使用了高饱和度的绿色作为主色调，体现出自然、健康的氛围。搭配多种高饱和度的色彩，使得整体给人一种富有活力的感觉。

2．男性与女性

　　男性与女性喜欢的颜色不尽相同，我们可以通过颜色营造出符合性别特性的空间情境。一般来说，大地色系、蓝色系或绿色系等，适合搭配出男性喜爱的沉稳、阳刚与活力的空间感。粉色系或低明度的颜色，如粉红、淡紫、水蓝色等，与女性的温柔特质相近，适合用来装点女孩的卧室、化妆间或更衣室等。

这是一个男孩的儿童房，使用深蓝色与橙色相搭配，形成强烈的视觉冲击力。搭配球队人物海报及各种乐器、玩具等，表现出阳刚与活力感。

该卧室使用了白色与粉红色的条纹壁纸装饰墙面，表现出很强的女性化特征。搭配粉红色的地毯和床上用品，表现出年轻女性的甜美、可爱。

3. 积极与消极

大家都希望居家生活充满活力与朝气，如果不想使居家空间显得慵懒、消极，那就得避免大面积使用低明度、低饱和度的配色，而要选择和谐、明亮且自然的空间色调，让人倍感舒适且不感觉拘束。但也不宜使用过多的颜色进行混搭，或者全部采用高明度、高饱和度的颜色，否则会让人无法安定视觉与心理，会使人产生焦躁情绪，无法静下心来。

在该客厅设计中使用明亮的白色墙面作为基调，搭配浅黄色的地面，给人一种洁净、明亮、温馨的印象。客厅中的家具颜色以黑色和米黄色为主，体现出简约与现代感。点缀绿色的沙发和部分墙面，以及绿色的窗帘，使人倍感清新、舒适，带给人积极向上的心态。

4. 单独与群体

客厅、餐厅是全家人共同活动的区域，如果想让每个人久待其间而不觉得乏味，就需要多重搭配每个人喜爱的颜色，这不仅能够赋予空间活泼性，也有助于群体对空间产生认同感。至于卧室通常只有单独的个人使用，采用具有扩张感或温暖感的色系，可以提升空间的亲和度，也不会让人觉得无聊、孤单或冰冷。

　　该客厅运用了地中海设计风格，以浅黄色作为主色调，体现出温馨感。搭配青蓝色的家具及红色的窗帘、条纹沙发和抱枕等，多种色彩的点缀使得客厅的氛围活跃起来。

　　该卧室使用了浅土黄色作为墙面的主色调，给人一种自然、温馨的感觉。搭配米白色的家具和黄色的床上用品，整体暖色调的应用使得整个空间非常温馨、舒适。

第 2 章

家居配色的基本原则

家居设计配色对于整个室内设计来说有着举足轻重的作用。家居设计除了自身的艺术本质以外，还将色彩与形体、光线与材质的整体统一和变化以深刻的视觉感受传达给人们，让人们沉浸于室内的造型设计和色彩设计之中而回味无穷。所以对于设计师来说，家居设计配色无疑是一种对美的高端挑战。

2.1 如何打造成功的家居配色

世界上没有不好的色彩，只有不恰当的色彩搭配。唤醒对色彩的感知能力，是提高色彩修养的第一步。在进行家居设计时必须将色彩的原理融合于整个家居设计过程中，让设计美观而舒适。

2.1.1 好的配色能打动人心

人们对色彩的需要并不是没有目标的，一定是有某种印象需要通过色彩来传达。热烈、欢快的印象，需要鲜艳的暖色组合来表达；沉静、安稳的印象，需要柔和的冷色组合来表达。另外，浪漫的与厚重的、自然的与都市的、现代的与古典的，这些完全不同的印象需要不同的色彩搭配来传达。

"热烈、欢快"的色彩印象

在家居空间中，儿童房和休闲室常常会使用鲜艳的高纯度色彩进行搭配设计，给人一种欢快、愉悦的印象。该儿童房使用高纯度的洋红色作为墙面主色调，给人一种可爱、浪漫的印象。点缀黄色、蓝色等其他高纯度颜色，使得空间更加活跃、欢快。

"清爽"的色彩印象

厨房和卫生间需要给人带来洁净、清爽的印象，所以常常使用白色与柔和的冷色系色彩相搭配。该厨房使用白色作为主色调，在局部搭配浅蓝色的墙砖，使厨房空间显得洁净、清爽。搭配木纹色的地板和橱柜，又增添了一份自然、清新的气息。

如果配色与人们大脑中的这些印象不一致，那么无论配色的比例把握得多么好，都无法让人产生好感。只有能够让人产生好感的配色才能真正打动人心。

"自然、舒适"的色彩印象

使用明亮的浊色调进行配色，能够表现出自然、温柔的氛围。在该卧室配色中，使用明亮的浅黄色作为墙面主色调，搭配浅灰色地毯和白色的家具，使卧室空间给人一种自然、洁净、舒适的印象。

"成熟"的色彩印象

使用浓暗的色调进行配色，能够表现出奢华、成熟的氛围。在该卧室配色中，使用低明度浓暗的棕色作为主色调，搭配深土黄色，使得卧室空间整体给人一种成熟、华丽的印象。

虽然想要通过色彩准确地表现某种印象并不是件容易的事情，需要很强的审美能力和经验，但这也并不是没有规律可循的。当我们看到粉红色时，会有一种可爱、浪漫的感觉，但是如果将女孩房间刷成灰色，或是将工作空间刷成粉红色，就会让人觉得欠妥。

色彩有色相、明度和纯度等属性，这些属性的不同状态都传递着不同的色彩印象。将这些属性尺度化，就能够轻松表达我们想要的情感和印象。

"厚重"的色彩印象

使用暗色调的色彩进行配色，很容易表现出厚重、坚实的氛围。在该书房的配色中，使用接近黑色的深棕色作为主色调，搭配棕色的地砖及砖纹的墙面装饰，体现出一种坚实、厚重的氛围，给人一种沉稳感。

2.1.2　成功的家居配色基础

想要实现成功的家居配色，必须理解色彩的三个属性，并且在配色的过程中遵循色彩的基本原理。

1. 遵循色彩的基本原理是成功配色的关键

配色要遵循色彩的基本原理，符合规律的色彩才能够打动人心，并且能给人留下深刻的印象。

了解色彩的属性是掌握这些原理的第一步。色彩的属性包括色相、明度和纯度，通过对色彩属性的调整，整体配色印象也会发生改变。改变色彩的任意一个属性，都能够对整体的配色印象产生非常重要的影响。

相近色相显得内敛、单调

在该卧室配色中，浅黄色的墙面给人一种温馨、舒适感，而床上用品和沙发等都采用了相近的青色作为主色调，色调统一，但是会给人一种内敛、单调的感觉。

对比色相显得更加精神

将床上的抱枕和墙角的沙发替换为红色的色相，与床单的青色表现出对比关系，从而有效地活跃了整个卧室空间氛围，使得配色效果更加富有青春活力。

另外，色彩的面积比例以及色彩的数量等因素，也对配色有着重要的影响。

相似色相配色

该卧室使用灰蓝色作为墙面的主色调，床以及桌上用品也都采用了相似的灰蓝色色调色相配色，并且各种颜色的明度和纯度又非常接近，使整个卧室空间显得稳重，但是缺少了一些活力。

对比色相配色

该卧室使用中等纯度的土黄色作为墙面的主色调，搭配暗棕色的家具和地板，整体给人一种古典、怀旧的印象。搭配较高纯度的橙色床上用品，顿时使整个卧室空间活力倍增，极大地增强了卧室整体的视觉效果。

2. 不同色彩能够表现出不同的室内空间印象

（1）清新、淡雅的色彩，适合于柔和、甜美的空间。（2）健康、有活力的纯色，具有强烈的现代风格特征。（3）明朗的色彩虽然个性不强，但是具有清爽的感觉。（4）素净、高雅的中性色，具有自然、古典的气息。

"清新、淡雅"的印象
　　该卧室使用纯白色作为主色调，给人一种非常洁净的印象，搭配浅绿色的床框和浅木纹色的窗框装饰，给人一种清新、淡雅、洁净的整体印象。

"健康、有活力"的印象
　　该卧室整体采用无彩色的搭配，给人一种低调、沉闷的感觉。点缀高纯度鲜艳的橙色椅子和抱枕，以及彩色的装饰画，使得整个卧室空间顿时充满活力，富有现代感。

"清爽"的印象
　　该客厅使用浅黄色作为墙面主色调，给人一种温馨、温暖的感觉。搭配蓝色的地砖、沙发及马赛克电视背景墙，给人一种清爽、轻快的印象。黑白相间的地砖装饰使得空间多了一份现代感。

"自然、古典"的印象
　　该客厅整体采用了明度和纯度都居中的中性色彩进行搭配，浅土黄色的地毯搭配中灰色的沙发及深暗棕色的家具，使得客厅空间给人自然、素净而古朴的印象。

3. 室内家具装饰的色彩选择应该考虑到使用者的因素

　　各种室内家具装饰的色彩选择，应该考虑到使用者的年龄和性别差异，并且从色彩的基本原理出发，进行有针对性的选择。

　　当色彩的选择与使用者特质相一致时，会使人产生认同感；反之则会使人产生隔阂。

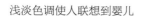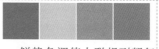

浅淡色调使人联想到婴儿　　鲜艳色调使人联想到朝气蓬勃的青少年　　灰暗色调使人想起中老年人

适合青少年的卧室配色

青少年正处于身体发育阶段，喜好鲜艳的色彩，鲜艳的色彩也能够更好地突出表现青少年朝气蓬勃的活力。该青少年卧室使用鲜艳的天蓝色作为主色调，搭配橙色，给人一种青春、富有活力的印象。

适合中老年人的卧室配色

中老年人喜欢安静、舒适，更喜欢灰暗色调所营造出的踏实、厚重的感觉。该卧室使用深暗的棕色家具搭配灰暗的花纹壁纸，表现出一种高雅、坚实的氛围，搭配深红色的抱枕，给人一种高雅感。

2.1.3 避免过多的色彩造成混乱

在室内设计配色过程中，使用较多的色相进行搭配，可以使室内空间充满活力，但是有时候使用的色相太多，也会反过来破坏整体的配色效果，使空间呈现出混乱的局面。

色相过多显得喧嚣

该卧室使用深暗的咖啡色作为主色调，搭配深暗的棕色家具和土黄色地毯，给人营造一种安静、稳重、踏实的氛围。加入高纯度的蓝色和绿色，使整体配色显得混乱。

色相邻近显得稳定

将卧室中次要物体的色相向主体色相靠拢，统一使用深色调的暖色系色彩进行搭配，使得卧室的整体效果趋于稳定，给人一种和谐、高雅的印象。

将色相、明度和纯度的差异缩小，使其彼此靠拢，就能够避免出现混乱的配色效果。在配色沉闷的情况下增添活力，在配色混杂的情况下使其稳健，这是进行家居配色时的两个主要方向。

每个空间的颜色都有主角和配角之分，减弱可以收敛的配角，保留需要突出的主角，主题自然就鲜明起来，而不至于被混杂的配角喧宾夺主。

该卧室使用浅土黄色作为墙面主色调，搭配无彩色的黑色家具和白色的床上用品，以及深棕色的窗帘，整体给人沉稳和复古的感觉。为了使卧室空间不至于太过沉闷，点缀了高纯度红色装饰画和床上用品，为卧室空间增添活力。

　　该儿童房使用了粉红色条纹壁纸装饰墙面，搭配红色的地毯及天蓝色的床上用品，给人一种可爱、天真的印象。虽然在该儿童房中使用了多种色相进行搭配，但是其主色相为粉红色，而天蓝色只是作为点缀，具有明显的主次之分。

　　在配色过程中，色彩的明度差别不易过大，明度差别过大容易引起混乱，靠近各种色彩的明度可以使配色看起来更加和谐。

明度差异过大

　　该客厅的墙面使用深咖啡色作为主色调，明度较低，搭配明度较高的米白色沙发及浅灰蓝色椅子和台灯，色调明显不搭，墙面过于暗沉，使得整个空间显得过于凝重。

色彩明度接近

　　将客厅墙面的颜色修改为浅土黄色，其明度与米白色的沙发及浅灰蓝色椅子和台灯都比较接近，高明度的配色使整体显得明亮而欢快，统一明度的配色使整体更加协调。

　　在配色过程中，各种色彩的纯度也需要尽量统一，因为纯一的色彩纯度可以增强空间的整体感。

纯度差异过大	色彩纯度接近
在该卧室空间的配色中，配色运用比较大胆，但是地毯的颜色纯度过低，与卧室中其他纯度较高的物体相比较，显得存在感微弱。	提高卧室中地毯的色彩纯度，使得卧室中各种物体的色彩纯度相接近，从而得到平衡的整体效果。大胆运用高纯度的蓝色与橙色相搭配，使卧室表现出很强的现代感与时尚感。

2.1.4 考虑室内空间的特点

室内空间配色就是根据空间的实际情况和色彩印象的需要，所进行的一系列色彩元素的选择和组织活动。通常先要考虑空间的物理状况和使用者的特点，同时分析空间对于色彩印象的诉求，有针对性地选择色彩，并且进行有效的组织，使得色彩各元素在满足空间功能的同时，成功地营造出需要的空间氛围。

1．根据空间的用途选择色彩

在居室中，各个空间都有着不同的用途，因此在配色过程中，我们需要考虑到空间的用途，并根据不同空间用途来选择不同的配色。

客厅是一个开放的活动性空间，多用于聚会和交谈。而卧室则是一个私密的空间，用于休息和睡眠，要求能够提供安静与舒适的环境。所以在色彩的选择上，要考虑到空间的不同用途，从而做出合适的选择和搭配。

客厅是一个开放性的会客与聚会的空间，在配色上可以适当活泼一些。在该地中海风格的客厅设计中，使用浅黄色作为墙面主色调，搭配纯度较高的青色背景墙及格纹布艺沙发，整体给人带来一种轻松、惬意的氛围。

卧室空间相对比较私密，常常使用中等明度的浊色调进行搭配，给人沉着、安逸之感。在该卧室设计中，使用中灰色作为墙面主色调，搭配同样纯度较低的米黄色窗帘与床上用品，使整个卧室空间非常温馨、舒适，让人感觉放松。

2．考虑空间使用者的情况

不同的空间使用者，在很大程度上决定了配色的思考方向。使用者的年龄、性别、职业等因素，使得其对空间色彩有着不同的需求。虽然使用者的个性千差万别，但是这其中存在着某些共通的地方。例如，年轻人更偏向于鲜艳、活跃的色彩；中老年人则更适应低调、平和的色彩；至于儿童，鲜艳、可爱的色彩才是最受他们欢迎的。

鲜艳的色彩更受年轻人青睐

　　纯色及其附近区域的色彩，非常鲜艳，富于动感，具有充沛的活力。在该客厅的设计中，使用浅黄色作为墙面主色调，搭配深灰色的家具和灯具，稳重而朴实。搭配高纯度黄色和黄绿色的沙发、红橙色的柜子，顿时使整个客厅空间充满年轻、时尚的气息。

低调的色彩更受年长者喜欢

　　各种明浊色和暗浊色的搭配，显出低调柔和的特点，是广受年长者喜爱的配色方式。在该中式风格的客厅中，使用土黄色的电视背景墙，搭配暗棕色的中式家具，整体的色彩表现非常古朴，给人一种质朴的印象。

3．色彩对空间的调整

　　有的室内空间会存在某些缺陷，当不能从根本上进行改造时，转而使用配色的手段对空间进行调整，会是一个不错的选择。例如，房间过于宽敞时，可以采用前进性的色彩来处理墙面，这样会使得空间紧凑、亲切。而当层高过高时，天花板可以采用略重的下沉性色彩，以使得空间的高度得以调整。

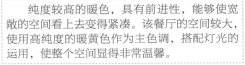

　　纯度较高的暖色，具有前进性，能够使宽敞的空间看上去变得紧凑。该餐厅的空间较大，使用高纯度的暖黄色作为主色调，搭配灯光的运用，使整个空间显得非常温馨。

　　高明度的亮色和冷色，能够使空间看上去显得非常宽敞，这一特点尤其适用于小空间。该儿童房使用天蓝色作为主色调，搭配白色的家具，使得空间显得宽敞而清爽。

2.2 家居设计配色的基本原则

每一组设计案例都不是设计师凭空想象完成的，前期都需要做大量的调研，包括家居设计的针对人群、空间的使用目的、空间大小、空间的方位、使用者在空间内的活动及使用时间的长短、该空间所处的周围环境、使用者对于色彩的偏爱等，做好前期调研才能保证设计方案的科学合理。

任何颜色都没有好坏之分，只有不恰当的配色，而没有不可用的色彩。色彩效果取决于不同颜色之间的相互关系。同一颜色在不同的背景条件下，其色彩效果可以迥然不同，这是色彩所特有的敏感性和依存性。因此，如何处理好色彩之间的协调关系，就成为配色的关键问题。

2.2.1 色相对比

所谓的色相对比，其实就是指将不同色相的色彩组合在一起，从而产生出强烈鲜明对比效果的一种手法。不同色相所形成的对比效果，是以色相环中不同距离的颜色进行组合得到的，距离越远，效果越强烈。

（同样的绿色，在橙色背景上显得更加鲜艳、立体）　（同样的蓝色，在紫色背景上显得更加鲜艳、醒目）

色相对比可以发生在饱和色与非饱和色之间。用未经混合的色相环纯色进行对比，可以得到最鲜明的色相对比效果。鲜明的颜色对比能够给人们的视觉和心理带来满足感。

强对比配色

该儿童房使用高纯度的绿色作为墙面主色调，给人一种健康、自然的印象。搭配高纯度的红边线装饰、窗帘和桌上用品，与绿色的墙面形成强烈的对比，使得整个空间的色彩表现非常活跃，给人一种欢乐而富有激情的感觉。

弱对比配色

该小户型客厅使用白色作为主色调，搭配浅木纹色地板和灰色沙发，给人一种自然而简约的感觉。点缀黄色的地毯、蓝色的小桌子和绿色的椅子，这些色彩的明度较高、纯度较低，从而形成一种弱对比的效果，为空间增添了一些活力和时尚感。

1．原色对比

红、黄、蓝三原色是色相环上最基本的三种颜色，它们不能由别的颜色混合而产生，却可以混合出色相环上所有其他的颜色。红、黄、蓝之间的对比是最强的色相对比。如果在一个室内空间中由两个原色或三个原色进行配色，就会令人感受到一种极强烈的色彩冲突，这样的配色方案通常应用于儿童房或年轻人的空间，表现出活力与激情。

原色对比给人强烈的印象

该卧室使用白色作为主色调，搭配深灰色和黑色的家具，这种无彩色的搭配给人很强的视觉对比。加入高纯度的黄色与蓝色，色彩对比效果非常强烈，给人一种非常个性与现代的感觉，整个卧室充满了年轻、时尚与个性的氛围。

2．间色对比

橙色、绿色、紫色是通过原色相混合而得到的间色，其色相对比略显柔和。自然界中植物的色彩呈现间色的居多，许多果实都为橙色或黄橙色，还经常可以见到各种紫色的花朵。绿色与橙色、绿色与紫色的对比都是活泼、鲜明又具有天然美的配色。

间色对比给人活泼、鲜明的印象

该卧室使用白色和浅灰色作为主色调，搭配高纯度的黄橙色墙面，使卧室空间显得温暖。搭配高纯度的绿色沙发凳和抱枕，与橙色的墙面形成对比，自然的色彩使得空间表现鲜明而活泼。

3．补色对比

色相环上夹角为 180°的颜色称为互补色。补色对比是色相对比效果最强的对比关系。一对补色并置在一起，可以使对方的色彩更加鲜明，如红色与绿色搭配，红色变得更红，绿色变得更绿。

通常，在人们的概念中，典型的补色是红色与绿色、蓝色与橙色、黄色与紫色。黄色与紫色由于明暗对比强烈，色相个性悬殊，因此成为三对补色中最冲突的一对；蓝色与橙色的明暗对比居中，冷暖对比最强，是最活跃生动的色彩对比；红色与绿色明暗度相似，冷暖对比居中，在三对补色中显得十分优美。由于明度接近，红色与绿色之间相互强调的作用非常明显，它们的搭配有炫目的效果。

补色对比给人鲜明而强烈的印象

该卧室使用高纯度的蓝色作为墙面主色调，搭配白色的地面和房顶，以及白色的家具，给人一种清爽、洁净的印象。搭配土黄色的沙发和地毯，高纯度的橙色抱枕与蓝色的墙面形成补色对比，但由于面积较小，对比并不是很强烈。不过橙色的加入使得整个空间显得更加鲜明。

4.邻近色对比

在色相环上顺序相邻的基础色相，例如，红色与橙色、黄色与绿色、橙色与黄色这样的颜色并置关系，称为邻近色对比，属于色相弱对比范畴。这是因为在红色与橙色对比中，橙色是由红色与黄色混合而成的，所以橙色带有一些红色的色彩意象；在黄色与绿色的对比中，绿色是由黄色与蓝色混合而成的，所以绿色带有一些黄色的色彩意象，它们在色相因素上自然有相互渗透之处；但像红色与橙色这类的颜色在可见光谱中具有明显的相貌特征，都为单色光，因此仍具有清晰的对比关系。

邻近色对比的最大特征是具有明显的统一协调性，或为暖色调，或为冷色调，或为冷暖中间色调，同时在统一中仍不失对比的变化。邻近色对比也是在室内设计配色中最常用的一种方法。

邻近色对比给人统一、协调的感觉

该卧室使用黄色作为主色调，黄色与白色相间的竖条纹壁纸能有效增加房间的层高视觉感，再加上黄色与绿色相间的床上用品及窗帘，这些都能够表现出自然而活泼的氛围。相同明度和纯度的黄色与绿色相搭配，给人一种和谐统一的感觉。

5.类似色对比

在色环上非常邻近的颜色，例如，绿色与黄绿色、蓝色与蓝紫色这样的色相对比称为类似色对比。类似色对比是最弱的色相对比效果，在视觉中能感受到的色相差很小，常用于突出某一色相的色调，注重色相的微妙变化。

类似色之间含有共同的色素，既保持了邻近色的单纯、统一、柔和、主色调明确等特点，又具有耐看的优点，可以适当应用小面积作对比色或以灰色作点缀来增加色彩生气。

类似色对比给人色相统一的感觉

该小户型空间的沙发背景墙使用青蓝色作为主色调，搭配同样是蓝色系的深蓝色沙发和抱枕，色调统一。整体的深蓝色调给人一种沉稳、忧郁的感觉，比较适合单身男性的家居配色。

2.2.2　明度对比

明度对比是在某种颜色与周边颜色的明度差很大的时候出现的现象。将亮色与暗色放置在一起的时候，明亮的颜色会显得更加明亮，而昏暗的颜色会显得更加昏暗。

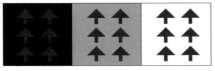 

（灰色图案，在白色背景上显得明度最高）　（粉红色图案，在黑色背景上显得尤为亮丽、醒目）

在无彩色系中，明度最高的是白色，明度最低的是黑色，处在中间明度的是各种不同深浅的灰色。在有彩色中，各种彩色也具有不同的明度性质，其中柠檬黄色的视觉度高，色相明度也就最高。紫色的情况正好相反，明度最低。各种彩色与不同明暗程度的黑、白、灰色相混合，就可以得到许多不同明度的色彩。

高明度色彩使空间富有活力

该书房空间使用明度和纯度都很低的灰蓝色作为主色调，给人一种沉稳而低调的感觉。加入明度和纯度很高的黄色装饰隔板和沙发，黄色的色相明度很高，与灰蓝色形成强烈的明度对比，使得整个空间顿时散发出时尚与活力感。

黑色与白色明度对比强烈

该客厅使用经典的黑色与白色相搭配，白色明度最高，而黑色明度最低，表现出强烈的对比效果。搭配纯度和明度都比较低的红砖背景墙和红色木地板，使空间整体表现出复古的韵味。点缀高纯度的彩色挂画和红色抱枕，混搭的风格使得空间表现更加富有个性。

在同一色相、同一纯度的颜色中，混入黑色越多，明度就越低；相反，混入白色越多，明度就越高。利用明度对比，可以充分表现色彩的层次感、立体感和空间关系。色彩之间明度差别的大小，决定明度对比的强弱。

该客厅使用蓝色作为主色调，前后背景墙及窗帘都使用了不同明度和纯度的蓝色，形成对比。明度比较接近，形成明度弱对比，使整体看起来更加和谐。加入高纯度黄色沙发，与整体空间的蓝色形成对比，使得空间表现更加活跃而富有朝气。

　　紫色是明度最低的色彩。该客厅使用明度和纯度都比较低的灰紫色作为墙面主色调，搭配木纹色的地板，给人一种优雅的感觉。搭配明度和纯度都较高的紫色沙发，空间整体色调统一。明度的弱对比，使沙发的表现力更加突出，整个空间给人一种雅致、富有浪漫情调的感觉。

2.2.3　纯度对比

　　纯度对比是指因色彩纯度差别而形成的对比关系，既可以是单一色相、不同纯度的对比，也可以是不同色相、不同纯度的对比，通常是指艳丽的颜色和含灰色的比较。

　　当底色比图案颜色纯度高的时候，图案的纯度看起来会比实际更低。相反，如果底色比图案的纯度低，图案的纯度感觉就会更高。

（相同纯度的橙色图案，在紫色背景上显得更鲜艳）（相同纯度的粉红色图案，在蓝色背景上显得更鲜艳）

　　任何一种鲜明的颜色，只要它的纯度稍微降低，就会引起色相性质的偏离，进而改变原有的品格。例如，黄色是视觉度最高的色彩，只要稍微加入一点灰色，立即就会失去耀眼的光辉，而变得柔和、温馨。

高纯度鲜艳而耀眼
　　该小户型空间使用白色砖墙作为背景，搭配无彩色的白色和深灰色家具，显得简约、单调。搭配高纯度的黄色沙发，使得空间表现充满年轻活力。

低纯度柔和而温馨
　　同样的空间，如果高纯度的黄色沙发调整为高明度低纯度的浅黄色沙发，整个空间的活跃氛围就没有那么强烈了，反而给人一种柔和、温馨的感觉。

一般来说，高纯度的色彩具有清晰明确、引人注目的特点，但容易使人视觉疲倦，不能持久注视。高纯度色彩更适合在室内作为点缀或装饰色使用，使居室空间更加富有活力。

高纯度色彩给人清晰、明确的印象

该地中海风格的客厅使用纯白色作为主色调，搭配白色与浅蓝色相间的竖条纹壁纸，使空间表现效果洁净、清爽。搭配高纯度的蓝色装饰条和蓝色的沙发，表现效果突出，给人一种自然、清爽的感觉，非常适合作为南方炎热地区的屋内空间配色。

低纯度的色彩柔和含蓄、不引人注目，可以持久注视，但因平淡乏味，使人看久了容易感到厌倦。因而，较好的配色效果，就是纯净色与含灰色的组合配置，利用色彩的纯度对比可以获得既稳定又艳丽的色彩效果。

低纯度色彩给人柔和、含蓄的印象

该田园风格的家居空间使用高明度的浅蓝色作为墙面主色调，搭配浅紫色的窗帘与装饰、浅绿色的床上用品，给人一种清爽、柔和的感觉。明度和纯度都比较低的深棕色木地板与墙壁和家具形成纯度和明度的对比，使空间重心向下，给人一种稳定感。

在改变一个颜色纯度的过程中，无论加白色、加灰色还是加黑色，都会在不同程度上使该色相及其冷暖倾向发生变化。可以使用 4 种方法降低色彩纯度。

（1）加白色。纯色混合白色可以降低其纯度，提高明度，同时使色性偏冷。各种颜色混合白色以后会产生色相偏差。

原配色效果

黄色是除白色以外最为鲜艳、明亮的色彩。该家居空间使用高纯度的黄色作为主色调，非常鲜艳，给人一种美好、活跃的感觉。搭配橙色格纹地砖，体现出浓浓的田园风情。

添加白色提高明度

在黄色中加入大量的白色则表现为浅黄色，高明度浅黄色的墙面给人一种柔和、温馨的感觉，缺少了高纯度黄色给人的活跃与鲜艳感。

（2）加黑色。纯色混合黑色，既降低了纯度，又降低了明度。各种颜色加入黑色后，会失去原来的光亮感，而变得幽暗。

（3）加灰色。在纯色中加入灰色，会使色彩变得浑浊。相同明度的纯色与灰色混合，可以得到相同明度而不同纯度的灰色，并且这种灰色还具有柔和、轻弱的特点。

添加黑色降低明度和纯度

在黄色中加入黑色，既可以降低黄色的纯度，也可以降低其明度。深暗的黄色给人留下朴实、厚重、乡土气息的印象。

添加灰色降低明度和纯度

在黄色中加入灰色，同样可以降低黄色的明度和纯度，并且使色彩变得浑浊。浑浊的土黄色给人一种厚重与踏实感。

（4）加互补色。添加互补色等于加深灰色。因为三原色相混合得到深灰色，而一种颜色如果加入它的补色，因为其补色正是其他两种原色相混合所得的间色，所以也就等于三原色相加。除了原色，任何一种颜色都具有两个对比色，而它的补色正是这两个对比色的间色，也就是3个对比色相加，也就等于深灰色。所以，添加补色也就等于加深灰，再加入适量的白色可以得出微妙的灰色。

纯度对比可以使鲜艳的颜色更加鲜艳，灰暗的颜色更加灰暗。色彩之间纯度的差异大小主要取决于纯度对比的强弱。我们将一个纯色与同亮度无彩色灰等比例混合，建立一个9级纯度色标，并据此划分三个纯度基调。

灰	1	2	3	4	5	6	7	8	9	纯色
	低纯度			中等纯度			高纯度			

纯度对比强弱取决于纯度差，纯度弱的对比是纯度相差比较小，大约在3级以内的

对比；中等纯度的对比是纯度差间隔为 4~6 级的对比；高纯度对比是纯度差最大的对比，如高纯度色与接近无彩系的对比，就是大于 6 级的高纯度对比。低纯度的色彩与生动的纯色对比，也就是用灰色去对比纯色，使纯色更加生动，但要注意色阶。

纯度强对比

该小户型客厅使用低纯度的灰蓝色作为墙面主色调，给人一种沉稳、内敛的感觉。搭配高纯度的黄色家具和装饰画，与灰蓝色的背景墙形成非常鲜明的对比，使得黄色的家具非常突出，从而使整个空间充满活力与时尚气息。

纯度弱对比

该卧室使用高明度的浅黄色作为主色调，搭配浅木纹色的家具和地板，以及浅米黄色的床上用品，整体色调统一，形成纯度的弱对比，给人一种温馨、舒适的感觉。搭配蓝色的地毯和窗帘，又形成局部的色相对比，为空间增添一些活力。

> **提示**
>
> 加强色彩的感染力，不一定依赖色相对比，有时一堆鲜艳的纯色堆在一起倒显得吵闹杂乱、相互排斥，有时还会相互削弱，只有跳跃、喧闹的效果，而无突出某一主色的效果。如果想突出某一主色，自然要降低辅色的纯度去衬托主色，这样才能主次分明、主题突出。

2.2.4　色彩的冷暖

色彩本身并无冷暖的温度差别，色彩的冷暖感是指色彩在视觉上引起人们对冷暖感觉的心理联想。红色、橙色、橙黄色、红紫色等颜色会使人马上联想到太阳、火焰、热血等物象，产生温暖、热烈的感觉；蓝色、蓝紫色、蓝绿色等颜色很容易使人联想到天空、冰雪、海洋等物象，产生寒冷、理智、平静的感觉。

暖色调配色

该客厅使用浅黄色作为主色调，高明度浅黄色的墙面搭配浅土黄色的地毯，以及棕色的窗帘，整体给人一种温馨感。背景墙则搭配了高纯度的橙色，使得空间整体表现更加温暖。

冷色调配色

该卧室使用了冷色调进行配色，浅木纹的地板和家具以及藤条编织的箱子，都能够给人一种自然的感觉。搭配白色和天蓝色的墙面及床上用品，让人感觉就像置身于大自然的环境中一样，给人一种洁净、清爽的感觉。

绿色和紫色是中性色彩，效果介于红色和蓝色之间。中性色彩能够使人产生休憩、轻松的情绪，可以缓解压力，消除疲劳感。

绿色是一种健康、自然的色彩。在该现代风格的客厅中，使用中性色作为主色调搭配浅木纹的地板，给人一种自然的感觉。将背景墙处理为高纯度的绿色，搭配装饰画，给人现代、时尚的感觉。

紫色是一种女性化的色彩，在室内设计中多用于装饰。在该卧室中，使用白色作为墙面主色调，搭配木纹色的家具，整体温馨而和谐。将背景墙使用深紫色材质进行处理，搭配浅紫色的窗帘和沙发，使整个卧室空间顿时产生一种女性的唯美和浪漫感。

2.2.5　色彩的质量感

各种色彩给人的质量感不同，从色彩得到的质量感，是质感与色感的复合感觉。浅色密度小，有一种向外扩散的运动，给人一种质量轻的感觉。深色密度大，给人一种内聚感，从而使人产生分量重的感觉。

该小户型客厅使用高明度的浅蓝色作为墙面主色调，色彩感较轻，搭配白色家具和浅木纹色地板，给人一种清爽、漂浮的感觉。

如果将墙面的主色调设置为明度较低的灰蓝色，则整个空间的色彩感较暗，给人一种沉闷而稳重的色彩印象。

色彩的明度能够体现色彩的质量感。明度高的色彩使人联想到蓝天、白云、彩霞、花卉、棉花、羊毛等，产生轻柔、漂浮、上升、敏捷、灵活的感觉。明度低的色彩易使人联想到钢铁、大理石等物品，产生沉重、稳定、降落的感觉。所以在家居设计时，背景（如墙面、屋顶或者地板）选择使用高明度的色彩，能够给人一种宽敞、明亮的感觉；而沙发、家具等选择低明度或中等明度的色彩，则给人一种安全、稳重的感觉。

高明度色彩给人轻柔、上升的感觉
该卧室使用浅黄色作为墙面主色调，搭配白色的家具和浅色木纹地板，给人一种轻柔、自然的印象，整个空间也显得更加宽敞、明亮。

低明度色彩给人厚重、踏实的感觉
该卧室使用低明度的深暗色调作为主色调，深灰色的装饰墙面、深灰色的床、黑色的家具以及深灰蓝色的床上用品，使整个卧室空间表现得非常阳刚、沉稳，非常适合成年男性卧室的配色。

2.2.6 色彩的进退感和远近感

不同波长的色彩在人眼视网膜上的成像有前有后。红色、橙色等光波长的颜色在视网膜之后成像，感觉比较迫近；蓝色、紫色等光波短的颜色则在视网膜之前成像，在同样距离内感觉就比较后退。

使用高明度色彩来涂饰远端墙面，感觉整个房间的深度增加了，看起来更加宽敞。该客厅使用高明度的浅灰蓝色作为墙面的主色调，搭配浅色木纹家具和地板，整体感觉自然而清爽。高明度浅色系的色彩搭配，使整个空间看起来更加明亮、宽敞。

　　使用低明度且纯度较高的深色涂饰远端墙面，房间的深度被极大地缩小了，空间看起来也更加紧凑。该客厅使用明度很低的接近黑色的深灰色作为墙面的主色调，搭配黑色的沙发以及木纹的家具，使得整个空间看起来非常厚重。

　　在相同的距离看两种颜色，会产生不同的远近感。实际上这是一种错觉，一般暖色、纯色、高明度色、强烈对比色、大面积色、集中色等有前进的感觉；相反，冷色、浊色、低明度色、弱对比色、小面积色、分散色等有后退的感觉。

　　该客厅使用中等明度的灰蓝色作为远端墙面的主色调，给人一种后退感，使得空间表现更加宽敞。搭配高纯度的黄色沙发，能够给人一种前进感，并且与灰蓝色的墙面形成强烈的色彩对比，一进一退，使得空间的表现更加宽敞，色彩表现时尚而富有活力。

　　可以利用色彩远近这一特点改变色彩的空间感。在同样的空间下，暖色装饰风格要比冷色装饰风格前进些，高明度的色彩要比低明度的色彩前进些。

2.2.7　色彩的膨胀感和收缩感

　　由于色彩的前后感，暖色、高明度色等有扩大、膨胀感，冷色、低明度色等有缩小、收缩感。

　　相同面积的暖色比冷色看起来面积大，明度高的色彩比明度低的色彩显得面积大。如果面积相等的两个色彩，要想取得面积大小相同的视觉效果，必须缩小高明度色彩的面积。这一属性与色彩的进退、远近相似，可以利用其膨胀感和收缩感来改变家居空间的心理距离。

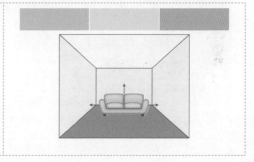

　　当室内空间比较宽敞时，如果家具和陈设使用高明度的膨胀色，可以使空间具有充实感。在该小户型客厅中，使用明度较高的浅灰色作为主色调，搭配米白色的沙发和木纹家具，整体色彩表现非常素雅。高明度的色彩具有膨胀的效果，使得空间看起来充实而明亮。

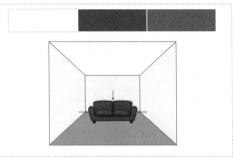

　　当空间比较狭窄时，室内的家具和陈设可以使用低明度的收缩色，这样有利于增加空间的宽敞感。在这个小户型的客厅中，使用纯白色作为墙面主色调，搭配浅木纹的家具，空间表现清爽而自然。搭配深灰色的地毯和深蓝色的沙发，冷色调和低明度色彩具有收缩感，使得空间表现更宽敞。

2.2.8　色彩与形状

　　色彩所表现出的意象效果还会受到物体形状的影响。同一色彩以不同的几何形状呈现时，色彩感觉也会有明显的不同，而色彩也会因形状的变化而呈现出不同的视觉效果。

该客厅使用无彩色的白色作为主色调，搭配黑色和白色的家具，整体风格显得沉闷。加入高纯度黄色的布艺沙发，使得整个空间立刻充满活力。	该小户型空间同样使用了中性色的白色作为主色调，搭配黑色的家具和边线装饰，使空间显得富有格调。为卫生间部分搭配明亮的黄色瓷砖，有效划分不同的功能区域，使空间整体表现更活跃。

　　色彩依附物体自身的形状感主要针对家居设计的功能性而言，例如，黄色与尖锐性的形状相结合给人以警示的作用，绿色与圆形相结合给人温和、轻快、圆滑的感觉，蓝色与正方形相结合给人明确、安定的感觉等。

該兒童房使用純白色作為主色調，給人一種潔淨、明亮的感覺。點綴藍色、黃色、紅色等多種高純度色彩，使空間表現更加活躍。搭配高純度綠色的圓形地毯，給人一種溫和、圓潤的感覺。

該小戶型空間使用白色作為主色調，搭配淺卡其色的沙發，顯得溫馨而舒適。將沙發背景牆處理為深藍色，給人一種後退感，使得空間表現更加開闊、安定。

2.2.9　色彩的味覺感

色彩的味覺感大多與人們對食物的味覺記憶信息有關。

暖色系色彩以及明度較高的色彩容易引起人們的食欲，不同顏色的食物相搭配容易增進食欲。因此，不難理解為何許多餐飲店鋪的裝飾色、光源色大多採用暖色系色彩，且大多以紅橙色為主，因為橙色是引起人們欲望、食欲之色。

該餐廳使用木紋色的家具搭配高純度的綠色作為主色調，綠色能夠給人一種自然、健康的感受，綠色和木紋色都是體現自然的色彩，使整個餐廳空間表現更加自然、健康、富有活力。

　　许多餐厅都会使用暖色系进行搭配。该餐厅中使用高纯度的橙色作为主色调，搭配白色和黄色的餐厅家具，营造一种美味而富有食欲的氛围。搭配暖黄色的灯光，使整个餐厅的氛围更加温馨。

2.2.10　色彩的音乐感

　　在色彩中我们可以感受到强烈的音乐感。例如，高纯度的黄色和红色，带有尖锐、高亢的音乐感；绿色接近小提琴低弱的中间音；蓝色、紫色相当于管乐器发出的低沉音调；深暗的色调更有低沉、浑厚的音乐感。

　　该客厅空间使用纯白色作为主色调，搭配无彩色，重点是在空间中多处搭配了高纯度的黄色，使得原本平淡的空间表现得非常个性和富有激情，仿佛是高亢的摇滚乐，使人心潮澎湃，符合年轻人敢闯、敢拼、富有激情的个性。

　　绿色能够给人一种宁静、舒适、放松的感觉。该卧室使用灰绿色作为墙面主色调，搭配白色的家具和绿色的床上用品，使整个空间给人一种自然、宁静、和谐的印象，仿佛从小提琴中飘出的缓缓音符，让人感觉轻松、舒适。

　　色彩的音乐感与色彩的质量感、色彩的远近感相通，更好地将人的视觉与听觉相连，扩大了在家居配色中的联想性，使设计方案更加符合设计主题。

该卧室使用深暗的灰浊色调作为背景墙主色调，给人一种沉稳感。搭配高纯度的蓝色桌上用品和地毯，为卧室空间注入年轻活力。蓝色与灰浊色调仿佛是乐器发出的低沉音调，浑厚而富有魅力，非常适合年轻男性的卧室配色。

该卧室主要使用深暗的棕色调作为主色调，深暗的棕色墙面搭配深灰色装饰玻璃，以及低纯度的浅咖啡色床上用品，给人一种高雅而富有格调的印象，具有低沉、浑厚的音乐感，非常适合中年成功人士的卧室配色。

2.2.11　色彩的华美感与朴素感

色彩的属性在一定程度上对华美感与朴素感有影响，其中与纯度属性的关系最大。通常高纯度鲜艳的色彩显得华丽，而低纯度暗浊的色彩则显得低调、质朴。

该客厅使用浅土黄色的墙面和地面，搭配深棕色的背景墙，给人一种高档与温馨感。搭配高纯度的蓝色、绿色沙发，以及红色花纹地毯，使整个空间表现得更加华丽与时尚。

如果将整个客厅空间的色彩纯度降低，沙发调整为低纯度的灰蓝色沙发，地毯替换为低纯度的暗灰花纹地毯，整个客厅将表现出一种暗浊色调，给人一种低调而朴实的印象。

另外大家也需要了解一些颜色自身的属性，例如，黄色、紫色有高贵感，蓝色具有科技、超越、空间感等，这样对于色彩的灵活运用会更有帮助。

该客厅使用深暗的深紫色与白色相搭配，深紫色的背景墙搭配深暗的花纹沙发和米白色沙发，给人一种浪漫而富有情调的感觉。搭配黑白色的钢琴烤漆家具，使整个空间显得高贵、典雅。

该客厅的背景墙使用镜面与高纯度蓝色图案玻璃，镜面能够有效扩展空间，蓝色的图案玻璃搭配白色的家具和沙发，而地毯、抱枕和窗帘同样都用了不同明度的蓝色，使整个空间给人一种清凉感，并且冷色调能够有效扩展居室空间，在空间上使人感觉更加宽敞。

2.3　色彩表现

色彩的特性能够影响到人们对它的反应，所以设计师需要掌握好色彩的基本理论知识，只有这样，在室内设计的过程中才能对色彩运用得当。

2.3.1　色彩与室内面积的关系

哪怕只是改变了同一房间的装修材料或者窗帘、家具的颜色，也可以使其显得更加宽敞或者更加狭小。其中，有看起来显得膨胀的颜色，也有看起来显得收缩的颜色，还有看起来显得厚重或者轻快的颜色。

有的居室空间显得狭小，有的显得空旷；有的层高太高，有的层高又太低。利用颜色的上述特点，就能够从视觉上对空间的大小、高矮进行调整。

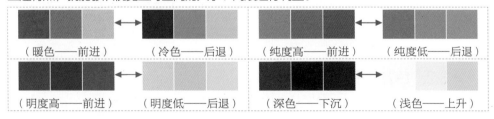

（暖色——前进）　（冷色——后退）　（纯度高——前进）　（纯度低——后退）
（明度高——前进）　（明度低——后退）　（深色——下沉）　（浅色——上升）

使用高纯度的黄绿色作为墙面的主色调，给人一种年轻、青春、富有活力的印象，并且高纯度的色彩具有前进感，可以使空间显得更加紧凑。

将墙面的色彩纯度降低，使用低纯度的灰绿色作为墙面主色调，给人一种宁静、自然的印象，缺少了年轻的活力感。低纯度的色彩具有后退感，能够使空间显得开阔一些。

如果房间空旷，可以使用前进色来处理墙面；如果空间狭窄，可以使用后退色来处理墙面。

使用天蓝色作为居室墙面的主色调，搭配同色系不同明度的沙发，给人一种清爽、自然的印象，点缀少量高纯度黄色家具，使空间富有活力。冷色系的色调具有收缩感，使房间显得宽敞一些。

将墙面和沙发都替换为暖色系的浅黄色和橙色，整个空间给人的印象发生了改变，表现出一种温暖、舒适的氛围。暖色系的色调具有膨胀感，使得房间显得更加紧凑、温馨。

2.3.2 色彩与采光条件的关系

不同朝向的房间，会有不同的自然光照情况。可以利用色彩的反射率，使室内的光照情况得到适当的改善。

朝北的房间常显得阴暗，可以采用明度较高的暖色作为主色调。

朝西的房间光照变化更强，其色彩策略与东面房间相同，另外还可以采用冷色配色来应对下午过强的日照。

朝北的房间适合使用暖色系

房间朝北，自然光线照射较少，几乎无自然光线直接照射，所以房间本身会显得阴暗。朝北的房间或者寒冷地带、处于冬季的房间，可以使用暖色系的色彩进行搭配，从而使居室空间显得更加温暖、舒适。

朝西的房间适合使用冷色系

如果房间朝西，则在下午的时候光照比较强烈，特别是在夏季，会使人感到炎热。冷色调具有凉爽、轻快的感觉，朝向西面或者炎热地带的居室空间可以考虑使用冷色调进行配色。

　　朝东的房间，上午和下午光线变化比较大，与光照相对的墙面宜采用吸光率较高的色彩，而背光的墙面则可以采用反射率较高的色彩。

　　南面的房间光照比较充足，较为明亮，可以采用中性色或冷色作为主色调。

朝东的房间适合使用明度低的色彩

在朝东的房间内，与光照方向相对的墙面宜采用明度较低的色彩，以增加吸光率。在该房间中与光照相对的墙面使用了中等明度的青色，而其余墙面则使用了白色，使房间整体明亮度获得很好的平衡，给人清爽、自然的感受。

朝南的房间适合使用中性色

朝南的房间较为明亮，适合使用中性色或者高明度的冷色作为主色调，这样能够使室内光照水平处于令人舒适的状态。在该客厅的配色中使用白色作为主色调，搭配灰蓝色的地毯，整体表现非常清爽、洁净。

2.3.3　色彩与周围环境温度的关系

　　不同季节的自然光照和温度不同，室内色彩应该据此进行相应的调整。温带与寒带地区的家居色彩搭配应该采用不同的策略，才能最大程度地提高居住的舒适度。

从原则上说，温暖地带的室内色彩应该以冷色调为主，适合使用较高明度和偏低纯度的色彩进行搭配；寒冷地带的室内色彩应该以暖色调为主，适合使用偏低明度和偏高纯度的色彩进行搭配。

温暖地区适合使用冷色调

在温暖的热带地区，常年气温较高，这样会适合使用高明度的冷色调进行室内配色，给人一种清凉、爽快的感觉。在该客厅的配色中，使用高明度的浅蓝色作为墙面主色调，搭配灰蓝色和米白色的沙发，整体给人一种清爽、舒适的印象。

寒冷地区适合使用暖色调

寒冷的北方地区适合使用低明度、低纯度的色彩进行室内配色，这样能够给人带来一种厚重、温暖的感觉。在该卧室中使用了明度和纯度都较低的土黄色作为主色调，搭配深棕色的家具和深蓝色的窗帘，整体色调暗浊，给人一种踏实、厚重而温暖的印象。

为了适应季节的变化，并不需要改变整个室内的冷、暖色调，只需要对室内的装饰陈设进行色彩上的调整。例如，在炎热的夏季使用冷色系的沙发、床品、抱枕、窗帘等，而在寒冷的冬季则使用暖色系的装饰陈设，从而使室内表现得更加温暖。

该室内空间使用白色作为墙面主色调，搭配暖黄色的灯光，使室内显得温馨。搭配蓝色的沙发、抱枕和床上用品，为室内空间增添一丝清凉、爽快的感觉，这样的搭配适合天气比较炎热的夏季。

如果是在天气比较寒冷的冬季，可以将室内的沙发套、抱枕及床上用品等的颜色替换为暖色系的红色或橙色，整个室内氛围顿时表现得更加温暖。

2.3.4 色彩与室内材质的关系

色彩不能独立存在，一定是附着于具体的物体上而被视觉感知到。在室内环境中，各种物体都有着丰富的材质，对色彩的感觉也产生了或明或暗的影响。

1. 自然材质与人工材质

室内常用材质一般分为自然材质和人工材质两大部分。自然材质的色彩细致、丰富，多数具有朴素淡雅的风格，但是自然材质通常都缺乏艳丽的色彩。

人工材质的色彩虽然比较单薄，缺乏层次感，但是人工材质可以选择的色彩范围非常广泛，无论是素雅的色彩或者艳丽的色彩，都可以选择。通常情况下，家居配色多采用将自然材质与人工材质相结合的方法来获得更加丰富的视觉效果。

自然材质表现朴素、淡雅

砖头、石材、木材等都可以认为是自然材质，给人一种天然、朴素的印象。该厨房使用砖墙作为背景，搭配浅木纹色的厨房家具，给人一种质朴而复古的感觉。

人工材质表现多种多样

该卧室空间使用浅木纹色的地板搭配白色的家具，给人一种洁净、自然的印象。许多家具和装饰都采用了鲜艳的高纯度色彩，表现出人为加工的痕迹，但视觉效果更加丰富。

自然材质和人工材质相结合

在该客厅中以自然材质为主，有石材、木材、砖头等，色彩素雅，给人一种原始、质朴的印象。搭配高纯度鲜艳色彩的人工染色沙发，兼具两种材质的色彩优点，使整个空间活跃起来，表现出现代而时尚的感觉。

2. 材质的冷暖属性

玻璃、金属等材质的物体给人冰冷的感觉，被称为冷感材质；而织物、皮草等因具有保暖的效果，被称为暖感材质。木材、藤材给人的感觉偏中性，介于冷暖材质之间。

当暖色附着在冷感材质上时，暖色的感觉会减弱；反之，当冷色附着在暖感材质上时，冷色的感觉也会减弱。因此，同是红色，玻璃杯比陶罐要显得冷；同是蓝色，布料比塑料要显得温暖。

瓷砖、玻璃等冷感材质

光亮的瓷砖、透明的玻璃和亮光的油漆，都属于冷感材质。在卫生间中使用这些冷感材质，可以使白色调的卫浴空间更显得清爽、洁净。

木材、藤材、织物等暖感材质

木材、藤材属于中性材质，与暖性材质的织物搭配应用时，会使木材、藤材具有偏暖的属性，即使搭配了冷色调的灰蓝色沙发，也没有丝毫寒冷的感觉，依然表现出自然和温暖。

注：材质的冷暖感与色彩的冷暖感相似，当中性材质与暖感材质搭配使用时，中性材质就会偏暖，当中性材质与冷感材质搭配使用时，中性材质就会偏冷。

3．光滑度差异带来色彩变化

室内材质的表面存在着不同的光滑与粗糙程度，这些差异会使色彩产生微妙的变化。以白色为例，光滑的表面会提高其明度，而粗糙的表面会降低其明度。同一种石材，抛光后的色彩表现明确，而未进行抛光处理的色彩则比较含糊。

材质与色彩的这种相互影响力，常常被设计师加以巧妙运用。

在该居家空间中使用了砖头、木板等自然材质进行搭配，给人自然、惬意的印象。同样是白色材质的有墙砖、墙漆、家具、织物等，这些材质有着不同的光滑和粗糙度，这种差异使得白色产生了微妙的色彩变化，使得空间更富有层次感。

2.3.5 色彩与照明的关系

室内空间中的人工照明，一般以白炽灯和荧光灯两种光源为主。白炽灯的色温较低，而低色温的光源偏黄，有稳重温暖的感觉；荧光灯的色温较高，高色温的光源偏蓝，有清新爽快的感觉。

在书房和厨房等需要仔细用眼观察的地方，应该采用明亮的荧光灯；在追求融洽家庭氛围的客厅，可以采用有温暖感的白炽灯。而在需要放松身心的卧室，白炽灯柔和的黄色光线，让人心情宁静，具有促进睡眠的作用。

　　书房就是用来读书、学习的，所以书房中的灯光必须明亮、无色差。在该书房中就使用了色温较高的荧光灯作为光源，并且在书桌上还设置了同样的荧光灯，方便居室主人的工作和学习。

　　卧室是休息的空间，所以房间中灯光不需要过于明亮，常常使用色温较低的白炽灯作为光源，并且常常使用柔和的黄色光源，给人带来一种温馨、温暖、舒适的感觉。

1．材料的反射率影响空间的亮度

　　装饰材料的明度越高，越容易反射光线；明度越低，则越容易吸收光线。因此在同样的光源情况下，不同配色方案的空间亮度是有较大差异的。

　　如果房间的墙面、顶面采用的是较深的颜色，那么要选择照射亮度较高的光源，才能保证空间达到明亮的程度。对于壁灯和射灯而言，如果所照射的墙面或顶面是明度中等的颜色，那么反射的光线比照射在高明度的白墙上要柔和得多。

该卫生间使用白色的瓷砖墙面，搭配浅木纹色地板和装饰，使得整个卫浴空间显得洁净而明亮。

相似的卫浴空间，使用深暗的木纹作为墙面和地面材质，虽然有相似的光照环境，但整体亮度明显比浅色墙面低许多。

2．照射墙面的差异影响房间氛围

照明的光线是投向顶面还是墙面，抑或是集中往下照射地面，这些不同的设置会影响房间的整体氛围。光线照射的地方，材质表面色彩的明度会大幅增加，基于这个原因，被照射的表面在空间上有明显扩展的感觉。

将房间全部照亮，能够营造出温馨的氛围；如果主要照射墙面和地面，则给人沉稳踏实的感觉。对于层高较低、面积又较小的房间，可以在顶部和墙面打光，这样空间会有增高和变宽的感觉。

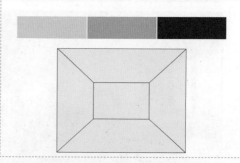

室内灯光照亮整个房间
在卧室内设置多处光源，分别照亮卧室内的上下和四周墙面，使得整个空间没有暗角，能够使整个卧室空间营造出一种温馨、舒适的氛围。该卧室使用无彩色作为主色调，深灰色的家具搭配白色的墙面和床上用品，给人一种高档、雅致的印象。

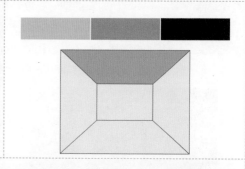

室内灯光照亮地面和墙面
当室内的灯光主要照向地面和墙面时，顶面会显得昏暗，视觉中心向下，使得整个空间表现出沉稳、内敛的氛围。该客厅使用浅灰色作为主色调，搭配白色的沙发和家具及深色的地毯，整体给人一种素雅、整洁的印象。通过射灯照向四周墙面，落地灯照向地面，使得整个空间显得更加沉稳。

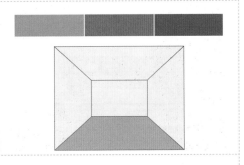

室内灯光照亮顶面和墙面

　　当室内的灯光主要照向顶部和四周墙面时，可以扩展空间的顶部以及横向空间，从而营造出空间的宽敞感。在该卧室中，主要使用暖色系的黄色作为主色调，给人一种温馨、温暖的感觉。室内的灯光主要集中在顶部，从而使顶部非常明亮，墙面也有射灯照射，从而使整个空间显得更加宽敞。

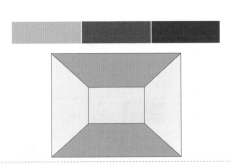

室内灯光只照亮墙面

　　当室内的灯光主要照向墙面时，可以扩展空间的横向空间，营造出画廊般的展示风格。在该小户型的空间中，当只有射灯照向四周的墙面时，可以使整个空间的横向空间看起来更宽敞，墙面更具有画廊般的表现效果，给人一种艺术感。

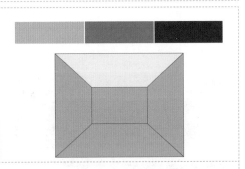

室内灯光只照亮顶面

　　当室内的灯光主要照向顶面时，仿佛提升了房间的层高，使得室内的空间看起来更加开阔。在该客厅中，使用中性色作为主色调，使整个空间看起来很素雅。在顶部通过吊顶的暖黄色灯光将顶部照亮，使室内空间看起来开阔了许多。

 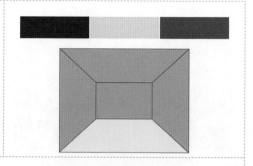

室内灯光只照亮地面

当室内的灯光主要照向地面时，可以营造出特别的氛围，有类似舞台效果的感觉。该客厅使用深棕色作为主色调，搭配灰色与米白色的沙发，使整个客厅显得素雅而富有格调。顶部的射灯和落地灯都照向地面，使得空间的焦点集中。

2.3.6 色彩与空间重心的关系

明度低的色彩具有更大的重量感，它分布的位置决定了空间的重心。深色放置在上方，可以使空间整体产生动感；深色放置在下方，可以使空间给人稳定而平静的感觉。

 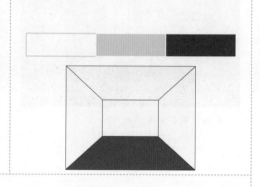

深色地面

在居室空间中将地面设置为深色，其他墙面都为浅色时，重心居下，整个空间具有稳定感。在该小户型空间中使用深棕色的地板，搭配浅木纹装饰的地面和白色的顶面，整体重心向下，使空间表现非常沉稳。大量木纹材质的运用，给人一种自然、舒适的印象。

 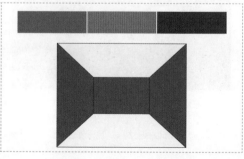

深色墙面

在居室空间中将四周墙面设置为深色，将顶面和地面设置为浅色时，重心居上，具有向下的力量，使整个空间产生动感。该客厅空间使用中性色作为主色调，四周墙面为深灰色，搭配白色的顶面和条纹地毯，使整个空间富有动感和活力。搭配多种高纯度色彩的沙发和装饰画，使客厅空间更加富有年轻、时尚的味道。

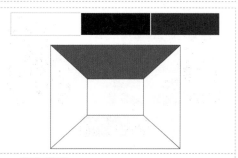

深色顶面

在居室空间中将顶面设置为深色，四周墙面和地面设置为浅色时，重心很高，层高好像被降低，整个空间的动感强烈。该餐厅使用棕色地板搭配浅色的墙面，给人一种自然的印象。顶面为接近黑色的深色调，拉低了整个空间的层高，也能够与黑色的餐桌形成呼应。整个空间给人带来强烈的时尚与动感印象。

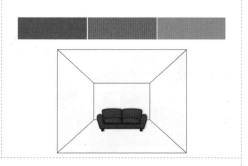

深色家具

在居室空间中即便将顶面、地面和四周墙面都设置为浅色，只要搭配深色的家具，重心依然居下，整个空间具有稳定感。在该客厅空间中，顶面和四周墙面为纯白色，地面选用了浅米黄色的地砖，都属于浅色调，而沙发和家具部分则选择了深灰色为主色调，使得整个空间重心下沉，显得更加沉稳。加入橙色沙发和青色抱枕，为空间增添了时尚与活力感。

2.3.7 图案与面积的关系

色彩除了可以给人带来不同的前进感和后退感，以及膨胀感和收缩感之外，壁纸、窗帘、地毯的花纹图案也会从视觉上影响房间的大小。

大花纹显得有压迫感，让人感觉房间狭小；相比之下小花纹有后退感，视觉上更具有纵深感，让人感觉房间开阔。

大花纹具有压迫感

大花纹图案的壁纸或窗帘有前进感，让人感觉房间狭小。该卧室四周墙面铺贴了大花纹的黄色壁纸，使空间更加紧凑，搭配黑色的家具，显得沉稳而温馨。

小花纹具有后退感

明亮的小图案壁纸和窗帘相比大图案而言，能够使空间显得更加开阔。该小户型卧室使用白色作为主色调，搭配白底小花纹图案的壁纸，使卧室空间显得更加开阔、明亮。

横向条纹的壁纸、窗帘等装饰具有水平扩充的感觉，可以使房间显得更加宽敞，但是层高则变得低矮。竖向条纹的壁纸、窗帘等装饰则能够强调垂直方向的趋势，增加空间的层高，但是会使房间显得狭小。

横向条纹显得空间宽敞

该儿童房使用灰蓝色作为墙面主色调，搭配横向条纹的壁纸和横向波浪纹的窗帘，有效扩展了房间的横向空间，点缀蓝色的台灯和其他装饰，使空间表现活跃。

竖向条纹增加空间层高

该卧室使用白色作为主色调，搭配浅黄色的地砖和米黄色的家具，显得非常温馨、舒适。在背景墙上使用竖向条纹壁纸，使得空间层高更高，并且增加了空间的时尚和现代感。

第3章

家居空间配色印象

对于色彩印象的感受，虽然存在个体差异，但是大部分情况下人们都具有共通的审美习惯，这其中暗含的规律就形成了配色印象的基础。不管是哪种色彩印象，都是由色调、色相、对比强度等诸多因素综合而成的，将这些因素按照一定的规律组织起来，就能够准确地营造出想要的配色印象。

3.1 影响配色印象的因素

无论多么漂亮的配色方案，如果与室内家居设计想要表达的印象不一致，就无法传达出正确的信息。使用者的印象与家居配色所构成的画面无法产生共鸣，则无论多么美的配色都将失去它的价值。

通过前面两章内容的学习，我们已经知道能够影响家居配色印象的因素有很多，而其中最具有影响力的几个因素分别是色调、色相、对比度和面积比，其中对比度又包含色相对比、明度对比和纯度对比。

1. 色调差异给人不同的印象

浓色调为主的配色

该卧室使用土黄色作为墙面主色调，搭配深棕色的家具和深蓝色的床上用品，空间整体色调偏浓暗。浓色调是纯色加入少许黑色形成的色调，表现出很强的力量感和豪华的视觉感。

浊色调为主的配色

浊色调是在纯色中加入灰色所形成的色调，给人一种稳定、低调的印象。将该卧室的整体色调处理为浊色调，原来的力量感大为减弱，空间配色变得素雅起来。

2. 色相差异带来完全不同的配色印象

暖色色相给人温暖、活力感

该儿童房使用高纯度的橙色作为主色调，以暖色色相为主的空间，能够给人温暖、华丽、精力充沛、充满活力的感觉。

冷色色相给人平静、精致感

将该儿童房的主色调整为高纯度的蓝色，整个空间以冷色色相为主，使人的心情平静，体现出精致、有条不紊的空间感。

3．对比强度影响配色印象

强对比配色

该客厅使用高纯度的橙色作为沙发背景墙的主色调，视觉效果强烈，搭配灰蓝色的沙发，形成强烈的对比效果。不仅在色相上形成对比，而且在色彩纯度上同样能够形成对比，强对比的配色给人一种时尚、充满活力的印象。

弱对比配色

该卧室空间使用黄色作为墙面的主色调，搭配黄绿色的窗帘和灰绿色的家具，色相接近，并且各种色彩的明度和纯度也比较接近，从而形成一种弱对比的配色效果，给人一种和谐、稳定的感觉。

4．面积变化改变整个配色印象

以蓝色作为大面积色彩

该客厅使用高纯度的蓝色作为沙发背景墙的主色调，使整个空间给人一种清爽、洁净的印象。点缀小面积的高纯度黄色抱枕，有效活跃空间氛围。

以黄色作为大面积色彩

如果将该客厅空间的大面积色彩调整为黄色，将抱枕色彩调整为蓝色，虽然配色并没有变，但整体给人的印象完全不同，黄色为大面积色彩，给人一种温暖、舒适的印象。

3.1.1 色调的影响力

在居室空间中，大色块因面积优势，其色调和色相一样对整体具有支配性。在空间中不可能只存在一种色调，大面积色块的色调能直接影响到空间配色印象的营造。

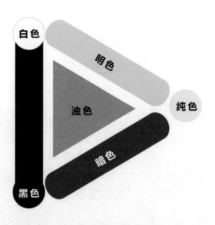

在进行配色时，可以根据情感诉求来选择空间主色调。例如，充满活力的儿童房和家庭活动室，可以选择纯度和明度都比较高的鲜艳色彩；温馨、舒适的卧室，可以选择淡色或明浊色调的色彩作为主色调；东方风情的书房或者老人房，可以选择暗色调的色彩作为主色调。

在空间的主色调确定之后，其他色彩的色调选择也不能忽视，它们之间的色调关系对氛围的塑造也是非常重要的。

纯色调显得生气勃勃

该小户型客厅使用高纯度的黄色作为墙面主色调，搭配同样高纯度的紫色沙发，演绎出成年女性的魅力与活力，传达出艳丽、年轻、富有活力的氛围。

暗浊色调显得内向封闭

如果将高纯度的色彩替换为暗浊的土黄色墙面和深紫色的沙发，则活力感完全消失，整个空间给人一种消极、保守的感觉。

通常情况下，在进行室内空间配色时，需要根据空间所需要表现的氛围来确定所需要使用的色调。色调比色相更具有影响力，明浊色调能够给人明朗和素净的感觉，而暗浊色调则给人传统和厚重的感觉。

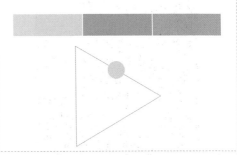

在该卧室空间中使用明亮的浅蓝色作为墙面的主色调，明色调体现出清新、爽快、明朗、愉悦的空间感。搭配多种高饱和度的家具，使得空间表现更加活跃、欢乐。

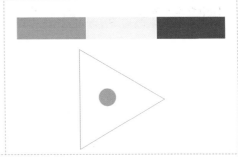

在该卧室空间中使用明度和纯度都中等的土黄色作为墙面主色调，土黄色是一种室内配色中常用的浊色调，给人一种宁静而舒适、温馨的感受。搭配高明度的白色家具和灰蓝色的床上用品，整体让人感觉宁静。浊色调非常适合用于卧室配色。

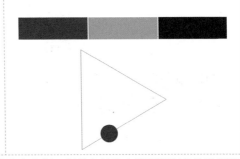

在该卧室空间中使用明度比较低的暗色调作为主色调，深棕色的窗帘搭配深灰色的地毯和黑色的家具，搭配同色系、明度稍高一些的土黄色沙发，整体色调和谐。暗色调能够给人一种传统感，也具有豪华、富贵的格调。

3.1.2　色相的影响力

每种颜色都具有其特有的色彩印象，使人联想到不同的对象。茶色、绿色是用来表现大自然的色彩，红色、紫色则无论浓淡都散发着女性的气息。

根据色彩印象的需要，从红色、橙色、黄色、绿色、蓝色、紫色这些基本色相中做出恰当的选择，就朝着想要的空间配色印象迈进了一大步。

红色色相显得热烈
该客厅空间使用无彩色的深灰色与黑色，搭配高纯度的红色，红色色相表现出其他色相所不可取代的激情与强烈感。

黄色色相显得浮躁
如果将空间中的红色换为黄色，则原有的激情、强烈的感觉消失了，给人一种浮躁的感觉。

> **提示**
>
> 除了主色之外，空间中还会存在其他色相的副色或点缀色，它们之间色相差的大小同样影响着色彩印象的形成。

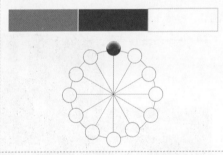

高纯度的红色给人一种热情、富有激情的印象，而高明度的粉红色给人一种浪漫、可爱的感觉。该家居空间使用粉红色作为墙面主色调，搭配高纯度的红色沙发，给人一种女性、富有激情与时尚感的韵味。

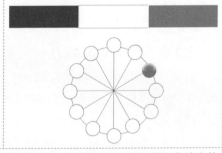

橙色是具有活力的色彩，能够给人一种积极、阳光的印象。在该卧室空间中使用高纯度的橙色作为墙面的主色调，搭配白色的家具，给人一种富有朝气、充满年轻活力的印象。

 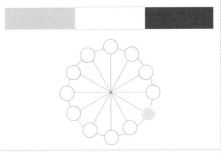

　　黄色是一种非常温暖的色彩。在家居设计中，不同明度和纯度的黄色常常用作室内空间的主色调。在该卧室空间中使用明亮的浅黄色作为墙面主色调，搭配白色的家具，给人一种温暖、舒适的感觉。搭配深蓝色格纹床单，使空间表现得更有活力。

 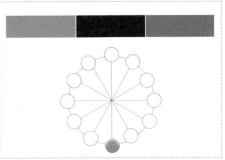

　　绿色是表现生命的色彩，它能表现出生命的能量，冷静与活力并存。在该卧室中使用绿色作为墙面的主色调，搭配绿色花纹窗帘，使整个卧室空间氛围表现得更加自然、宁静，仿佛置身于大自然中。

 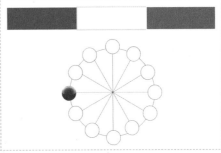

　　蓝色是冷色的中心，非常纯粹，给人清爽、冷静的感觉。该卧室使用深灰蓝色作为墙面主色调，使空间表现出沉稳而冷静的氛围，搭配白色的家具和浅灰蓝色的床上用品，整体给人一种清爽、洁净的印象。

 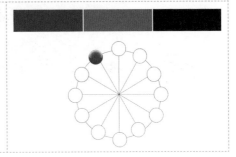

　　紫色能够表现出梦幻而华丽的氛围，具有优雅和女性的感觉。该卧室空间使用深暗的紫色作为背景墙的主色调，搭配深色调的家具和灰紫色的花纹地毯，表现出优雅、华丽的氛围，非常适合作为成熟女性的空间配色。

3.1.3　色彩对比

　　配色最少也需要由两种或两种以上的颜色才能构成，颜色之间的对比包括色相对比、明度对比和纯度对比等。

　　调整对比的强度，会影响配色印象的形成。增加对比可以表现出配色的活力，减弱对比则给人高雅的印象。想要营造出饱含活力的空间，就需要增加空间的色彩对比强度；想要营造出平和、高雅的空间氛围，就需要减弱空间的对比强度。

大明度差具有力度感
　　该卧室使用高明度的浅黄色墙面搭配中等明度的蓝色木床，明度对比比较强，使得空间中的色彩层次清晰而分明，充满力度感。

小明度差显得平和
　　如果提高空间中木床的颜色纯度，使得浅黄色的墙面与浅蓝色的木床的色彩明度接近，这种明度弱的对比配色给人低调、平和的印象。

　　如果家居空间中的色相对比强烈，则能够表现出开放而大胆的感觉；如果空间中的色相对比较弱，则能够给人一种稳重而内敛的感觉。

色相对比强
　　该卧室使用白色作为墙面和家具的主色调，纯净而自然。搭配高纯度蓝色床单和红色床单，蓝色与红色形成非常强烈的色相对比。强烈的色相对比给人活跃、大胆的印象，非常适合作为儿童房的配色。

色相对比弱

　　该客厅空间使用中等明度和纯度的浅棕色作为墙面主色调，搭配深暗红色的沙发和深棕色的家具，红色与黄色的色相相近，而且在该空间中使用的都是浊色调，色相对比较弱，给人一种稳重而内敛的感觉。

　　空间中色彩的纯度对比较大，给人一种舒畅而干脆的感觉；如果都是明浊色调的色彩，纯度对比小，空间显得柔和而沉静；如果都是暗浊色调的色彩，纯度对比小，空间显得厚重、沉着。

纯度对比强显得干脆

　　该客厅空间使用蓝色作为主色调，墙面使用了高明度低纯度的浅蓝色，沙发使用了高纯度的蓝色，使沙发与墙面形成明度和纯度的强对比，使得空间表现显得舒畅而干脆。

纯度对比弱显得柔和

　　如果将空间中的沙发调整为高明度中等纯度的灰蓝色，使得沙发与背景墙的色彩在明度和纯度方面比较相近，这种弱对比效果使得空间表现显得更加柔和、统一。

3.1.4　色彩面积

　　空间配色的各个色彩之间，通常存在着面积大小上的差别。面积大且占据绝对优势的色彩，对空间配色印象具有支配性。

（3 种色彩均等，优势不明显）　　（深蓝色面积大，显得硬朗）　　（明亮的黄色占优势，显得愉悦）

色彩面积能够影响空间配色印象

该客厅中高纯度蓝色的背景墙面积最大，冷色调的蓝色占据绝对的面积优势，所以整个空间给人一种清爽、惬意的感觉。点缀少量黄色，使空间表现更加活跃。

转换色彩面积，空间印象随之变化

将蓝色与黄色的面积比例进行转换之后，暖色调的黄色占据绝对优势，虽然仍搭配高纯度的蓝色，但整体配色印象已经发生了转变，给人一种温馨、温暖的感受，清爽感消失。

只要有面积差异，就存在面积比。增大面积比，可以使空间产生动感的印象；减小面积比，则给人安定、舒适的感觉。

（面积差小，舒适安定）　　　　　　　　　　　　（面积差大，富有动感）

色彩面积差小

在该卧室中，使用白色作为主色调，并且将其中一面墙涂成高纯度的蓝色，使整个卧室空间显得洁净而明亮，但蓝色与白色之间的面积差并不是特别大，所以整体能够给人一种舒适、安定的感觉。

色彩面积差大

该餐厅使用无彩色的黑、白、灰进行空间色彩搭配，灰色的墙面、白色的背景墙和窗帘以及黑色的地面，搭配浅木纹色的地板，给人一种朴素的感觉。搭配高纯度的橙色吊灯，与周围的无彩色形成非常鲜明的对比，而且面积差非常大，为空间注入活力，表现效果更具动感。

3.2　常见的空间配色印象

我们常常会使用"干净""和谐""简约"等形容词来形容某一个家居空间，这些形容词也可以理解为人们对空间配色的整体印象。在家居空间中使用不同的色调进行配色，能够给人们带来不同的空间印象。例如，同色调进行配色，总是能够给人一种统一、和谐的印象，而多种色调的搭配则能够给人一种欢乐、热闹的印象。本节介绍同色调、多色调、浅色调和深色调配色给人带来的不同的空间配色印象。

3.2.1　同色调

通过同一色相的近似色，或者将同一色相不同明度和纯度的色彩进行搭配，可以使空间视野在统一且融洽的气氛中，表现出"和谐""干净""统一"的微妙层次变化。

"同色调"配色的应用非常广泛，除因为其难度不高之外，还因为具备一种视觉主角的加强作用，很容易让人接近与接受。特别是由于单一色系的重复手法，创造了视觉呼应效果，当人置身于同色调配色的空间中时，会格外感受到"同色调"配色所表现出的活力和律动感。

该客厅空间除了使用白色基底之外，还挑选了蓝色系进行同色调搭配。客厅的沙发背景墙使用蓝白相间的竖条纹壁纸，凝聚空间的视觉焦点，并且能够有效增加空间的层高。在空间中搭配深蓝色的椅子、窗帘，以及高纯度透明蓝色玻璃材质的台灯和装饰，整体空间因为有着高度关联性的色彩搭配，表现出简约却不单调的舒适印象。

1．主题色凝聚视觉重心

选定喜欢或者是迎合空间设计风格的主题色之后，可以将主题色应用在空间的主要墙面，如电视背景墙、床头背景墙、玄关墙等，从而起到凝聚空间视觉焦点的作用。当然，主题色可以有深浅或者材质的变化，让人既感知到同色调主题，又不会觉得无趣。

该卧室空间使用白色作为基础色，包括墙面、床上用品等，白色占据了较大的面积范围。在床头背景墙搭配高明度的天蓝色，天蓝色为空间的主题色，在白色的环境中表现非常突出，使整个空间表现出洁净、清爽的印象，并且主题色的应用，使背景墙成为空间的视觉焦点。

2．主题色的重复运用

同色调空间中，最鲜明的特色是主题色的重复运用，从而达到强化视觉效果的目的。

这个重复性，可以指单一主题色在墙面、家具、装饰等处不同面积、比例的应用，也可以指主题色的深浅变化搭配，从而丰富色彩的视觉景深效果。

该客厅空间使用蓝色作为主题色，在墙面的局部大面积使用蓝色背景，并且墙面的装饰和沙发椅都使用蓝色，墙面的蓝色与椅子的蓝色明度不同，形成明度的对比，强化了主题色的视觉表现。在墙面局部同时还搭配了高纯度的黄色，与蓝色主题形成对比，使得空间表现更加活跃，富有时尚感。

3．通过大小比例营造层次感

想要提升同色调配色的可看性，可以尝试让主题色展现弹性。除了主墙面凝聚焦点，不同大小面积比例和高低落差，以及材质差异、明暗度的变化，都能够让整体空间保持同色调的完整性，且洋溢着活力与趣味。

该客厅空间使用纯白色作为主色调，白色的墙面和家具，搭配灰色的地面和深灰色的沙发，中性色的搭配使空间表现更加简约。在空间中使用大面积的红色地毯，使得整体氛围变得热情、欢乐。在局部搭配小面积的红色抱枕等装饰，与红色的地毯形成色彩的呼应，使空间富有活力。

4．近似色的局部搭配

近似色还可以局部运用在抱枕、窗帘或者床上用品等软装装饰上，从而有效衬托墙面主题色。为了避免过多颜色失去同色调应用的和谐感，最好保持同一明度和纯度，不宜有过于强烈的落差对比。

该客厅空间使用湖蓝色作为墙面的主色调，该颜色也是该空间的主题色，搭配白色的窗帘和家具，使空间表现清爽、自然。沙发使用了与墙面蓝色近似的青色以及灰蓝色进行表现，从而使空间的整体色调统一，而局部又富有层次感。

3.2.2　多色调

在同一个空间中使用多种颜色进行搭配时，色彩之间的对比与呼应才会愈加鲜明，衍生出的视觉印象也就更为丰富，容易让人产生"丰富""精彩""热闹"的感觉。

"多色调"配色多应用于儿童房。如果要应用于整体空间，需要有极高的色彩敏锐度，没有章法的应用容易使空间显得混乱。

該儿童房使用青绿色作为墙面的主色调，也是空间的主题色，给人一种自然的印象。在空间中搭配多种颜色的家具与装饰，使得空间的色彩表现非常丰富。其中一面墙壁还绘制了卡通插画，使整个空间充满童趣，整体给人一种热闹、活跃的氛围。

1．主题立面用色不宜过多

使用"多色调"配色时，如果希望在单一空间中不显得混乱，建议挑选 3 至 4 种颜色进行搭配即可。主墙面背景颜色不要过于鲜艳刺眼，要诉求整体空间的和谐性与律动感，以及兼顾生活品位的营造。

該儿童卧室使用浅黄绿色作为墙面主色调，给人一种自然、清新的印象。两张床分别使用蓝色的床上用品和红色的床上用品进行区别表现，并且所选用的色彩都是中等纯度的明浊色调，整体给人一种柔和、自然的印象，但不同颜色的加入，又能够体现出儿童活跃的个性。

2．保持色彩明度和纯度的一致性

为了避免空间中有太多的颜色而显得花哨无章，搭配的颜色最好能够在明度和纯度上是协调兼容的，不要存在某种颜色过于抢眼、某种颜色又过于暗淡的情况。可以通过色彩感知度的一致性，提升空间的亲和力，从而使空间表现出丰富而有趣的氛围。

該客厅空间同样使用了多种色彩进行搭配，使用浅黄绿色和浅土黄色作为墙面的主色调，使用中等明度的灰色作为电视背景墙的主色调，搭配白色的家具，以及蓝色的沙发和黄绿色的椅子，墙面色彩的明度和纯度相似，沙发的色彩纯度较高，与墙面形成层次感。

3．颜色配置的秩序美感

单一空间中的颜色一多就容易让人眼花缭乱，所以在色彩搭配上除了考虑明度和纯度，还需要以秩序美感作为依据。例如，餐厅的椅子是灰蓝色，桌上摆放的桌旗则是湖蓝色，同色相的不同明度和纯度的变化与呼应，确保了多色调空间的和谐性。

该卧室空间使用灰蓝色作为墙面的主色调，同时该颜色也是该空间的主题色，并且在墙面中使用了两种不同明度的蓝色进行搭配，从而使得空间表现出很强的层次感。在墙面局部点缀高纯度橙色的装饰，与蓝色墙面形成对比，很好地活跃了整个空间的氛围。

4. 家具装饰是空间亮点

在使用"多色调"配色的空间中，墙面的用色数量不必求多。在家具陈设和空间装饰中可以使用多种颜色进行搭配，从而使空间表现出趣味性。同时因为大小、造型、材质有异同，也让相互衬托的颜色表现出丰富性，有效提升空间的吸引力。

该客厅空间使用灰色作为墙面的主色调，搭配深棕色的木纹地板，给人一种踏实、稳重的印象。在空间中搭配了多种不同颜色的家具和装饰，多种色彩的点缀使得空间不再沉闷，反而给人一种时尚而充满现代感的印象。

3.2.3 浅色调

明度较高、纯度较低的"浅色调"色彩，很容易营造出一种平和、优雅的生活气氛，加上浅色具有扩展、放大的效果，可以使空间看起来更加宽敞、明亮，也能够更进一步强化空间"清爽""明亮"与"宽敞"的风格印象。

不少空间风格的基调都偏向"浅色调"，包括现代风格、北欧风格、地中海风格、田园风格等，大多都是运用高明度的色彩作为空间主题色，从而营造出舒适、轻柔与自在的视觉感受。另外浅色调的墙面背景显得清爽、干净，适合衬托任何款式的家具和装饰。

在该现代风格的客厅空间中，使用高明度的浅黄色作为墙面的主色调，搭配浅灰木纹色地板，给人一种温馨、自然的印象。搭配灰蓝色的沙发和灰色沙发，整体色调非常淡雅，给人一种清爽、洁净、明亮的印象。

1．顶面和地面维持浅色调

浅色调空间的个性相当鲜明，一旦其他色调占据的面积过于突出，便容易失去其应有的简单、清爽与明亮感，所以空间中的顶面和地面最好都搭配明度较高的浅色系颜色，从而使整个空间都维持浅色调的印象。

该现代简约风格的客厅空间使用白色作为顶面的主色调，地面为浅黄色地砖，墙面的主色调为白色，在电视背景墙部分搭配了浅木纹色背景，使其成为视觉焦点，整体上空间大面积都是浅色调，给人简约、明亮、清爽的印象。

2．近似色的呼应搭配

浅色调空间与简约风格有所不同，只要是属于高明度的浅色系，都可以用来装饰空间。因此背景墙面与前景的沙发家具，最好能够呈现出轻微的色差，从而使放大的空间感又有景深变化。

该客厅空间使用纯白色作为墙面的主色调，搭配米黄色的沙发和中灰色的花纹地毯，使得墙面、沙发、地毯形成很好的色彩层次关系。在空间中搭配白色的家具，与白色的墙面主色调形成呼应，局部点缀蓝色的装饰花瓶，使空间表现得清爽、淡雅。

3．纳入光影的投射变幻

浅色调色彩是极佳的背景用色，尤其是在自然光与照明光照射时，更容易感受到一天之中不同时间点的光影变化，能够欣赏到不落俗套的光影游移变幻，让浅色调空间不见冰冷无情，只见蓬勃生命力。

该田园风格的客厅空间使用浅黄色作为墙面的主色调，在墙面的下半部分搭配浅灰绿色的木纹板装饰，突出表现空间的田园风格，给人一种温暖、自然、柔和的印象。搭配小碎花的窗帘和布艺沙发，给人带来自然、悠闲而美好的田园印象。搭配暖色系的灯光，在灯光的照射下，空间显得更加温馨、舒适。

3.2.4　深色调

"深色调"表现出的低调与稳重，明度较低、纯度较高的深色系，经常被选作空间立面、建材或家具的用色。因为"深色调"色彩有助于降低整体空间的视觉干扰，让人浸入深邃幽静的氛围之中，使人沉淀心灵、放慢脚步、抚慰烦躁，从而使家居空间给人一种"宁静""内敛"和"安定"的氛围。

建议为了避免整体空间视觉感受过于沉重，可以效仿"同色调"配色，通过色相上或深或浅的近似色作为搭配辅助，增添空间的立体感与层次感。

该客厅空间使用棕色作为主题色，显得深邃幽暗，但是为了避免造成空间的压迫感，于是以白色的天花板和窗帘作陪衬，对比出视觉张力。加上深与浅的面积比例，以确保深色系为视觉焦点，呼应风格主题。整体给人一种稳重、踏实的感觉。

1. 沉稳中保留活力

因为是深色调空间，主要立面颜色的选择大多为低明度高纯度的色彩，如果担心深色系会造成空间的压迫感，可以适当保留空白，一方面可以展现对比张力，另一方面可以让视野更容易聚焦于深色调。

该小户型客厅四面墙面分别使用不同明亮的灰色进行涂刷，而顶部又是纯白的，这样就能够形成墙面之间的对比，从而展现出空间的对比张力。在浅灰色墙面前方搭配深灰色的沙发，使得沙发与墙面之间形成明度的对比。在沙发上点缀蓝色的抱枕，为空间增添活力。

2. 避免空间沉重压迫

在空间中大面积使用深色调，很容易造成空间的沉重和压迫感，所以需要从色彩的明暗度着手进行修饰。例如，背景立面使用较浅的深色调，前景的沙发就可以搭配较深的色调，这样有助于深色所营造的优雅基调，展现出空间的层次落差。

该客厅空间使用棕色作为墙面的主色调，搭配深棕色的家具，整体给人一种厚重、宁静、踏实的印象。搭配浅灰色的布艺沙发和浅土黄色的地毯，与墙面的棕色形成明度的对比，从而使空间的色彩具有明暗的层次变化，表现出优雅、舒适的氛围。

3．增加立体层次变化

如果要营造空间的层次美感，除了借助颜色明度的对比，也可以巧妙运用立面的材质特点，或装饰线条勾缝，或拼贴立体堆叠，都能够使单一深色表现出细微变化，富有层次感。

该卧室空间使用中等明度的黄色花纹壁纸铺贴墙面，给人一种温暖而高雅的印象。搭配深棕色木纹家具，给人自然而厚重的印象。在背景墙部分搭配了棕色与蓝色间隔的软装装饰，该软装本身具有立体层次感，结合灯光的照射，使得背景墙的立体层次感表现得更加强烈。

4．使用近似色辅助

善用色相上的近似色，作为家具、窗帘、柜子、床上用品的用色，可以确保整体深色调空间在风格一致的基础上，能够延展出更多的丰富性，即使长时间待在房间中也不会有压力感。

该卧室空间使用棕色作为主色调，在背景墙的上半部分搭配中等明度的棕色条纹壁纸，而下半部分则是深棕色的软包，形成色彩层次的变化。上半部分的条纹壁纸在灯光的照射下，还具有一定的立体层次感，搭配空间中棕色的家具和床上用品，给人一种稳定而宁静的印象。

3.3　使用色彩创造家居风格

家居设计风格是以不同的文化背景和不同的地域特色为依据，通过各种设计元素来营造的一种特有的装饰风格。色彩、家具、空间布置、装修材料、装饰等都会对家居风格产生影响。其中，色彩能够给人非常直观的印象。通过合理的色彩应用，搭配合适的家具和装饰，就能够很好地表现出指定的家居风格。

3.3.1　现代简约风格

现代简约风格的特点就是简洁明快、实用大方，它将设计元素、色彩、照明、原材料简化到最少的程度，但是对色彩、材质感要求非常高。因此，现代简约风格的空间设计通常非常含蓄，往往达到以简胜繁、以少胜多的效果。现代简约就是简单而富有品位和现代感，这种品位体现在配色设计上对细节的把握，每一个细小的局部和装饰都需要深思熟虑，其最大的特点是同色、不同材质的重叠使用。

现代简约的家居色彩风格，通常以黑、白、灰色为大面积主色，搭配亮色进行点缀，黄色、橙色、红色等高纯度的色彩都是比较常用的。这些颜色大胆而灵活，不单是对简约风格的遵循，也是对空间个性的展示。

墙面	在现代简约风格中，墙面通常选择白色、灰色或其他高明度的浊色调，表现出干净、素雅的空间氛围。	地面	地面常使用无彩色系的地砖，或者是浅木纹色的地板，从而表现出简约、自然的印象。
家具	家具大多采用黑、白、灰等无彩色或原木色，突出表现简约、自然的风格。	装饰	空间中的装饰可以在局部搭配一些高纯度的有彩色，为整个空间氛围增添个性与现代气息，用色可以大胆灵活。

该现代简约风格的客厅空间使用中等纯度的土黄色作为墙面主色调，搭配同色系的米黄色光面地砖，显得简洁而温馨，搭配灰色的沙发、地毯，以及黑白色的家具，大气利落的造型，使得整个空间显得大气而富有现代感。

1．无彩色系搭配

无彩色系中的黑色、白色、灰色三种颜色的组合，是最为经典的简约配色方式，所实现的效果给人一种简约、时尚感。以白色为主，搭配灰色和少量黑色的配色方式最适合大众使用，这种方式对空间没有面积的限制。

该家居空间使用白色作为主色调，白色的墙面和家具占据绝对的面积优势，为空间增添洁净和明亮感。搭配灰色的沙发、地毯，以及黑色的餐桌等装饰，丰富了色彩层次，形成了典型的现代简约风格，使空间表现简约而又个性，同时也比较符合男性的色彩印象，很适用于男性家居。

2. 无彩色系搭配暖色

使用黑色、白色、灰色这三种颜色中的一种或两种，搭配红色、橙色、黄色等高纯度暖色，能够营造出亮丽、活泼的氛围；如果搭配低纯度的暖色，则能营造出温暖、亲切的氛围。

该家居空间使用白色作为主色调，白色的墙面、地砖以及沙发，给人明亮而纯净的印象。电视背景墙为深灰色，形成色彩层次的对比，加入高纯度的橙色沙发椅，并且在墙面上添加橙色的图案装饰，使空间的氛围一下子变得动感起来，这样的配色方式大胆而灵活，亮丽并能够体现简约风格。

3. 无彩色系搭配冷色

无彩色系中的黑色、白色、灰色，搭配青色、蓝色、蓝紫色等冷色相，能够表现出清新、素雅、爽朗的氛围。根据所搭配冷色调的不同，给人的感觉也相应地发生变化。

该客厅空间使用白色作为主色调，白色的墙面、沙发，搭配浅木纹地板和家具，显得简约而自然。搭配浅灰蓝色的沙发凳和角落中深蓝色的椅子，与原木纹色的地板形成冷与暖的碰撞，整体给人一种简约、素雅、舒适而不乏个性的印象。

4. 无彩色系搭配中性色

总的来说，不同色调的绿色都具有自然感，而紫色则具有典雅、高贵感。使用无彩色系中的黑色、白色、灰色与中性色相搭配，将中性色分别作为空间中的环境色或重点色使用时，所得到的室内空间氛围也会有所不同。

该小户型空间使用灰绿色与白色组合作为墙面的色彩，给人一种洁净、自然的印象。搭配浅木纹色的家具和灰色的沙发，简洁而精致，塑造出具有自然与现代感的简约家居空间。

5. 多种色彩搭配

如果使用多种近似色相进行搭配，可以使空间表现出层次感和微弱的活跃感。如果使用对比色相进行搭配，则可以使空间表现出极强的活跃性及张力，能够第一时间吸引人的视线。而如果同时使用多种色相进行组合搭配，是层次感最为丰富的配色方式。

在空间点缀多种色彩，可以使整体氛围变得活泼。在该卧室空间中，使用白色与浅黄色作为墙面的主色调，搭配棕色的地板，给人一种自然、温馨的印象。搭配高纯度蓝色的窗帘、黄色的床上用品，使得空间表现非常活泼、纯真，而在背景墙中手绘风格的图案装饰更加突显了空间的个性风格。

3.3.2 美式乡村风格

美式乡村风格摒弃了烦琐和奢华，并将不同风格中的优秀元素汇集融合，以给人带来舒适感为导向，强调"回归自然"。美式乡村风格更加强调为人们带来轻松、舒适的感受。

美式乡村风格突出生活的舒适和自由，充分表现出自然质朴的特性，常常使用天然木、石、藤、竹等自然材质。这些特质自然地呈现在墙面色彩上，自然、怀旧、散发着浓郁泥土芬芳的色彩是美式乡村风格的典型特征。

美式乡村风格配色中，绿色、褐色最为常见。地面和家具多采用棕褐色木质，具有踏实感。将所有配色进行归纳，美式乡村风格家居的主要配色可以分为两类。第一种是能够表现泥土的颜色，具有代表性的色彩是棕色、褐色以及旧白色。大地色配色主要有两种效果，一种具有历史感，一种是具有清爽、素雅感。第二种是红色、蓝色和白色这3种传统美式风格的色彩，可以在空间的墙面或家具上应用红色、蓝色和白色的搭配，使空间表现出浓郁的传统美式风情。

墙面	在美式乡村风格中，多采用自然的色调作为墙面的主色调，如绿色、褐色等。如果使用壁纸，则壁纸多为纯纸浆质地。	地面	地面多采用棕色、褐色等大地色系的地砖或深木纹色的地板，体现出厚重、自然的印象。
家具	家具大多采用仿旧漆，式样厚重，设计中多有地中海样式的拱，非常自然且舒适，充分显现出乡村的朴实风味。	装饰	布艺装饰是美式乡村风格中最常使用的一种装饰效果，布艺的天然感与乡村风格能很好地协调。

　　该客厅空间使用大地色系的色彩进行配色，黄褐色的大理石花纹地板体现出一种自然而厚重的氛围，欧式的花纹壁纸搭配深红色花纹地毯，给人一种尊贵而复古的印象。搭配传统的美式深棕色家具，并且对家具进行了做旧处理，体现出一种历史感，整个空间给人厚重、沉稳的感觉。

1. 大地色系搭配

　　传统的美式乡村风格最显著的特点就是厚重，无论是家具造型还是配色，都具有这种特点。而大地色系色彩的组合符合这一特点，使用大地色系进行配色能够表现出浓厚的历史感和质朴感。

　　美式乡村风格是一种偏历史厚重感的风格。在该客厅空间中使用浅黄色作为墙面主色调，给人一种温馨、柔和的印象。采用仿古的棕色大理石地砖，搭配具有做旧效果的棕色木制家具，给人很强烈的历史感和厚重感。沙发则使用了花纹装饰，表现出一种复古与乡村的印象。

2. 白色与大地色系搭配

　　棕色、咖啡色等厚重的色彩与白色进行搭配，可以营造具有明快风格的美式乡村配色。如果空间较小，可以大量使用白色，将大地色作为重点色或点缀色，还可以同时搭配米色，使得色调具有过渡感，表现更加柔和。

　　美式乡村风格是具有历史痕迹和厚重感的，然而过于厚重的配色并不适合小空间。在该客厅空间中，墙面使用白色，搭配大地色的棕色木纹地板和浅灰棕色和深棕色沙发，大量的白色减弱了大地色的厚重感，显得明快，同时不会破坏美式的感觉，比较适合小户型。

3. 蓝色与大地色系搭配

　　在空间中使用淡雅的蓝色与大地色系色彩相搭配，通常还会加入白色，能够打造出具有清新感的美式乡村配色。这种风格属于新型的美式乡村风格，并带有一丝地中海风格的感觉，但两者造型不同。

该客厅空间使用灰蓝色作为墙面的主色调，并且在上面添加了线条的装饰图案，表现出淡雅与高档感。搭配大地色的大理石纹地砖和米黄色的沙发，给人一种沉稳而厚重的感觉。窗帘、抱枕等软装同样使用了蓝色，为空间增添一丝清爽。

4．绿色与大地色系搭配

绿色与大地色系的配色方式与田园风格类似，但是在美式乡村风格中的家具更加厚重、宽大，而且具有一些欧式的痕迹。通常使用大地色作为空间的主色调，绿色多使用在部分墙面或者窗帘等布艺装饰上，给人们带来自然、乡村田园的印象。

在该客厅空间中使用深棕色的木纹地板搭配深棕色的木质家具，具有非常厚重的感觉，米色与红色的格纹布艺沙发冲淡深棕色的厚重，使空间的配色得以均衡，并表现出悠闲、乡村的印象，将墙面处理为灰绿色，并且在空间中多处搭配了绿色值，使人们仿佛置身于大自然中，为空间带来自然、清新之感。

5．红色、蓝色与白色搭配

红色、蓝色与白色的配色方式是美式的另一种代表型配色，三种色彩以条纹的形式出现，对其大面积地使用多出现在美式风格的儿童房中。在客厅中可以通过布艺沙发或者软装饰的形式表现出来，如果大面积使用会使人感觉晕眩。

在该卧室空间中使用蓝色、红色、白色相间的竖条纹壁纸装饰墙面，能够有效增加空间在视觉上的层高，搭配蓝色、红色、白色的床上用品，以及房间中的家具和其他装饰，具有很强烈的美式风格。高纯度的蓝色、红色和白色相搭配，也能够形成强烈对比，空间视觉效果突出。

3.3.3　地中海风格

地中海风格是指地中海沿岸西班牙、希腊、北非等国家的家居设计风格。地中海物产丰饶、海岸线长、建筑风格多样化、日照强列，这些因素使得地中海风格具有自由奔放、色彩多样明亮的特点。西班牙蔚蓝的海岸与白色的沙滩，希腊的白色村庄与沙滩和碧海、蓝天连成一片，北非特有的沙漠、岩石、泥、沙等天然景观的土黄与红褐色，这些都是地中海风格常用的配色。

地中海风格的家具在组合设计上注意空间搭配，充分利用每一寸空间，且不显局促、不失大气，解放了开放式自由空间；集装饰与应用于一体，在柜门等组合搭配上避免琐碎，显得大方、自然；其特有的罗马柱般的装饰线简洁明快，流露出古老文明的文化底蕴。

墙面	地中海风格的家居设计中，常常使用白色、蓝色、浅黄色等自然的色彩作为主色调，使空间看起来明亮悦目。	地面	地面可以选择天然的石材或者原木色的地板，保持一种纯天然的印象，营造出浪漫而自然的氛围。
家具	在家具选配上，通过擦漆做旧的处理方式，搭配贝壳、鹅卵石等，表现出自然清新的生活氛围。	装饰	空间中较多使用一些海洋元素进行装饰点缀，给人自然、浪漫的感觉；广泛应用拱门与半拱门，给人延伸的透视感。

　　这是一个典型的地中海风格的家居空间设计，使用浅黄色与黄色作为墙面的主色调，搭配米黄色的沙发和石材地砖，给人一种清爽而自然的印象。纯白色的家具，拱门的造型设计，以及蓝白条纹的地毯，都为整个空间注入了浪漫的气息，整体给人一种清爽、自然、浪漫的印象。

1．白色与蓝色搭配

　　源自希腊的白色房屋和蓝色大海的组合，具有纯净的美感，是应用最为广泛的地中海配色。白色与蓝色的组合让人联想到沙滩与大海，源自自然界的配色给人的感觉非常协调、舒适。

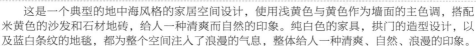

　　该客厅空间使用白色作为墙面主色调，搭配大地色的地砖，给人洁净、自然的印象。墙面顶部竖向蓝白条纹的壁纸除了能够塑造出地中海风格特点外，还能够拉伸房间在视觉上的高度，虽然使用的壁纸面积不大，但也具有这样的作用。搭配深蓝色的沙发和地毯，以及白色的家具，整体空间给人明亮、清新的印象。

2．蓝色与对比色搭配

使用蓝色搭配黄色、红色等，配色方式的灵感源于大海与阳光，视觉效果活泼、欢快。可以使用蓝色作为家居空间的主色调，点缀黄色或红色等暖色调，并加入白色进行调和。当然也可以使用浅黄色作为墙面的主色调，而将蓝色作为重点色，进行突出表现。

　　该儿童房使用高纯度的蓝色与白色作为墙面的主色调，搭配白色的家具，给人洁净、清爽的感觉。搭配高纯度红色的沙发和装饰，与蓝色的墙面形成对比，使空间的氛围表现得更加欢乐、活跃，符合儿童的特点。

3．蓝色与绿色搭配

使用蓝色与绿色进行搭配，这样的色彩搭配组合象征着大海与岸边的绿色植物，给人一种自然、惬意的感觉，犹如海风拂面般舒畅。

　　该地中海风格的客厅空间使用明度很高的浅灰蓝色作为墙面主色调，搭配灰蓝色的沙发和窗帘，让人感受到清爽自然的地中海风情。在空间中点缀高纯度绿色花纹沙发和绿色的窗帘，丰富了空间的配色效果，犹如清风拂面，让人感觉心旷神怡。

4．米白色与蓝色搭配

米白色与蓝色的搭配和白色与蓝色的搭配相似，但是比白色与蓝色相搭配显得更加柔和，通常还会加入白色，与米白色形成微弱的对比，增强色彩的层次感。

　　该客厅空间使用米黄色作为墙面的主色调，同时搭配米黄色的窗帘和地毯，给人一种柔和、细腻感。搭配蓝色的沙发和白色的家具，为整个空间增添了清新感，也更加丰富了空间的色彩层次。空间整体给人柔和、舒适、清新、爽朗的感觉。

5．大地色与蓝色搭配

土黄色系或者棕色系都是大地色系，使用大地色系搭配蓝色，是将两种典型的地中海代表色相融合，兼具亲切感和清新感。配色时，如果追求清新中带有稳重感，可以将蓝色作为主色，大地色作为辅助色；如果追求稳重中带有清新感，则可以将大地色作为主色，使用蓝色进行点缀或者辅助。

　　该卧室空间使用大地色作为主色调，黄色的花纹壁纸搭配深棕色的木纹地板和家具，给人一种稳重、成熟的感觉。背景墙部分搭配蓝色的软包装饰，与黄色花纹壁纸形成对比，增加了空间的层次感。搭配白色和灰色相结合的床上用品，营造出纯净、恬淡的空间氛围。

3.3.4　北欧现代风格

　　北欧现代风格是指欧洲北部国家如挪威、丹麦、瑞典、芬兰及冰岛等的室内装修设计风格，室内完全不用纹样和图案装饰，只使用线条、色块来区分。色彩的使用非常朴素，常常使用白色、黑色、棕色、灰色、浅蓝色、米白色、浅黄色等作为主色调。

　　精练简洁、线条明快、造型紧凑、实用和接近自然是北欧现代风格的特点。除了色彩之外，家具的造型也是该风格的重要组成部分。除了沙发外的家具尽量选择可拆装折叠、可随意组合的款式，最好是木质品。最具代表性的家具就是宜家的产品。

墙面	在北欧现代风格中，大多使用白顶、白墙，不做任何造型，或选择一些素色的花纹壁纸，给人简约、明朗的印象。	地面	地面多采用木纹地板，浅木纹地板与深色木纹地板都可以，重点是表现出自然、舒适的印象。
家具	家具多选择原木或棕色木质家具，造型简约、功能实用，便于拆装组合。	装饰	沙发尽量选择灰色、蓝色或黑色的布艺产品，可以搭配有花纹的黑白色抱枕或者地毯。

　　北欧现代风格的家居设计最大的特点就是极简的设计风格。该客厅空间使用纯白色作为墙面主色调，搭配浅木纹色的地板和浅灰色的沙发，给人一种简约、自然的感觉。搭配一把高明度灰蓝色的沙发椅，为空间增添一些清爽感。空间整体给人非常简洁、舒适、自然的感觉。

1．黑、白、灰的无彩色搭配

使用无彩色的黑色、白色和灰色进行搭配是北欧现代风格中比较经典的一种配色方式，这种方式能够将北欧设计风格极简的特点发挥到极致。通常使用白色或灰色作为大面积的主色调，将灰色或黑色作为搭配和点缀色。如果觉得这样的搭配过于单调或对比过强，还可以在空间中加入木质家具进行调节，使空间整体给人一种极简、自然的感觉。

该客厅空间使用灰色与白色作为主色调，灰色的屋顶与白色的墙面相搭配，在墙面的局部装饰木纹板，表现出简约与自然感。搭配灰色格纹沙发和黑色沙发，表现出现代与时尚感。加入木质的简约家具，使得整个空间表现得更加柔和、自然、素雅。

2．白色或灰色与棕色搭配

棕色系包含棕色、咖啡色、茶色等，在北欧现代风格中，它通常与白色或灰色穿插进行搭配，偶尔也可以点缀一些其他颜色的装饰，使空间整体表现出朴素而又温暖的感觉，属于北欧现代风格中最具有厚重感的配色方式。

该卧室使用茶色作为墙面的主色调，白色作为屋顶的主色调，这样的搭配给人柔和而质朴的感觉。背景墙使用灰色，而床则采用了深灰色与茶色的搭配，增强了空间中的色彩层次。空间中的色彩数量虽然较少，但是协调的搭配方式，并不让人感觉单调，反而给人一种统一、和谐、温暖、稳定的印象。

3．原木色搭配

木质材料是北欧现代风格的灵魂，淡淡的原木色常以木质家具或者家具边框呈现出来。大多数情况下，都是以原木色搭配大面积的白色或灰色，这是一种非常具有北欧特点的配色方式，能够给人带来一种简约而自然的印象。

白色的墙面能够营造出纯净的家居氛围，浅木纹地板以及家具的搭配，为空间带来了自然而温暖的气息。灰色沙发和棕色椅子的搭配，让家居在保持明亮的同时得以中和，整体空间表现出北欧现代风格的简约与自然。

4．无彩色与黄色搭配

在黑、白、灰的无彩色世界中，添加一些明亮的黄色，仿佛在无彩色的空间中射入一道阳光。黄色是北欧现代风格中可以适当使用的最明亮的暖色，与白色或灰色搭配非常合适，可以用在抱枕、椅子等上作为点缀色，为空间增添现代感与活力感。

在该客厅空间中使用白色作为主色调，搭配浅木纹色的地板、白色沙发和浅木纹色沙发背景墙，这也是北欧风格中常用的配色组合，给人简约、自然的印象，白色和灰色的沙发搭配木纹色与白色的家具，整体表现素雅，加入高纯度黄色的落地灯和装饰画，为空间增添了一些跳跃感和活力感。

5．无彩色与蓝色、绿色搭配

在北欧现代风格中很少使用高纯度的蓝色或绿色，通常使用的是中等纯度的浊色调或淡浊色调的蓝色或绿色，并且蓝色和绿色在家具空间中也常常用作软装的主色或点缀色，与不可缺少的白色或灰色进行搭配，使空间氛围在简约的基础上表现出清新感。

该客厅空间使用浅茶色作为墙面的主色调，给人温馨、舒适的感觉。搭配灰色、白色和黑色的家具，整体感觉素雅、柔和。加入灰色的格纹地毯，使得空间富有现代感与时尚感。搭配灰蓝色的椅子，很好地体现出北欧风格的纯净与清新感。

3.3.5　新古典风格

新古典风格是在古典主义风格的基础上发展而来的，它将现代人对生活的需求与古典主义的浪漫风情相结合，是一种多元化的设计风格。新古典风格一方面保留了古典主义的材质和色彩应用，使我们可以从中感受到强烈的传统历史痕迹与浑厚的文化底蕴；另一方面则摒弃了古典主义中复杂的肌理和装饰，简化了线条，使其更复合现代人的审美。

新古典风格常常使用白色、金色、黄色、暗红色作为空间主色调，使用少量白色糅合，使色彩看起来明亮、大方，整个空间展现出开放、宽容的非凡气度，给人事业来和谐、高雅的直观感受。

墙面	墙面大面积使用古典欧式色彩的壁纸，配合经过提炼的欧式线条，使欧式不再是遥远的过去，而是鲜活时尚的品位象征。	地面	地面多采用石材拼花，用石材天然的纹理和自然的色彩来修饰人工的痕迹。使客厅和餐厅的奢华、档次和品位毫无保留地呈现出来。
家具	家具多选用板木结合的实木家具，漆面具有封闭漆效果，不仅能将木皮的纹理尽情展示，在徒手触摸时，还能感受到油漆饰面后的光滑、平整。	装饰	通常会搭配白色、金色、黄色、暗红色等色调的装饰，体现出古典、浪漫的氛围。

在该客厅空间中，使用白色作为墙面的主色调，墙面局部涂刷成浅黄色，使空间表现出明亮而温馨的氛围。地面使用了大理石花纹地砖，显得高档而富有格调。搭配灰色的沙发并镶嵌金色的家具，使空间氛围富有高雅的格调。格纹地毯和红色椅子的点缀，使空间表现得更加富有现代感和奢华感。

1. 白色与大地色搭配

以白色或米白色搭配大地色系，展现出开放、宽容的非凡气度。以白色或米白色作为主色调，能够塑造出具有柔和的明快感、亲切感的新古典韵味。如果以大地色作为主色调，搭配白色或米白色的辅助色，则具有厚重感和古典感。

该客厅空间使用白色作为墙面的主色调，搭配米黄色的地砖和棕色的窗帘，表现出具有柔和的明快感、亲切感的新古典韵味。电视背景墙采用了整面大理石材质，给人气度非凡的感觉。辅助白色的家具和米黄色的沙发，整个空间氛围明快而富有古典韵味。

2. 大地色系搭配

使用大地色系中的两到三种色彩进行组合搭配，例如，棕色系、暗红色系、茶色系等，能够给人一种亲切而古典的感觉。大地色系是泥土等天然事物的颜色，再辅以土生植物的深红、靛蓝以及黄铜，便具有一种大地般的浩瀚之感。

　　该卧室空间使用大地色系作为主色调，棕色的墙面，搭配深棕色的地板，给人稳重、踏实的感觉；搭配银灰色的沙发椅和灰色的床上用品，增强了空间的古典、雅致的氛围。点缀灰色格纹地毯，使空间显得更加高雅。

3．白色与金属色搭配

　　纯净的白色与金色、银色等金属色进行搭配，能够很好地表现出古典风格。白色与金色不同程度的对比与组合，可以使古典风格发挥到极致。除此之外，将金属色与黑、白两色或者蓝色、米黄色、暗红色等进行搭配，也十分具有新古典特点，给人奢华感。

　　该餐厅空间使用纯白色作为墙面主色调，在墙面中通过勾勒欧式线条装饰，给人纯净而富有品位的感觉。搭配白色的餐桌和灰蓝色的餐椅，并且在家具的边缘都加入了金色金属材质的边框，吊灯和墙面上的镜框都采用了金色金属材质边框，使整个空间显得高雅而华丽，彰显出新古典风格时尚的一面。

4．米白色与蓝色搭配

　　在新古典家居风格中，蓝色多与白色、米白色或米黄色进行搭配，高明度蓝色用得比较多，暗色系则比较少见。这种色彩组合能够表现出一种别有情调的氛围，十分具有清新、自然的美感。

　　该客厅空间的层高较高，使用米白色的大理石作为墙面的主材料，在局部搭配黄色的欧式花纹壁纸，表现出浓郁的欧式古典风格。深棕色的家具搭配灰蓝色的沙发，点缀少量金色装饰，使整个客厅空间表现出尊贵而与众不同的格调，十分彰显品位。

5．米白色与紫色搭配

　　淡紫色具有一些蓝色的特征，但是比蓝色显得浪漫一些。使用紫色来装饰新古典家居时，如果是作为大面积使用，可以使用浅紫色，它能给人淡雅的感觉；如果是局部配色，可以选择浓郁的紫色，它能够塑造出典雅感。

该卧室空间使用大地色系作为主色调，给人一种沉稳、温馨的感觉。搭配深紫色的窗帘和床上用品，使得空间表现典雅，并且具有一丝浪漫感，整个卧室空间的表现有一种低调的奢华感。

3.3.6 新中式风格

新中式风格将中式元素与现代材质巧妙兼糅，继承明清时期家居理念的精华，将其中的经典元素提炼并加以丰富，给传统家居文化注入了新的气息。

新中式风格的家具多以深棕色、深红色、黑色等深色调为主，墙面的色彩搭配有两种常见形式：一种是以苏州园林和京城民宅的黑、白、灰为基调；另一种是在黑、白、灰的基础上以皇家住宅的红、黄、蓝等作为局部色彩。除此之外，古朴的棕色也常常作为搭配色，出现在以上两种配色中。

墙面	在新中式风格中，常常使用无彩色的黑、白、灰作为墙面的主色调，同样也会在墙面上加入棕色等色彩的装饰，给人一种传统、质朴的印象。	地面	地面多采用深棕色或深红色的木地板，给人一种厚重、踏实的印象。也可以采用大地色系的地砖，其与传统风格的家具相结合，体现出现代与传统的融合。
家具	在新中式风格中，多采用深红色、深棕色、黑色等深色调的传统风格家具，突出表现传统韵味。	装饰	在新中式风格中，常常会使用具有传统风格的屏风或字画作为空间的装饰，从而突出表现家居空间的传统文化内涵。

该新中式风格的客厅空间使用浅土黄色作为墙面的主色调，搭配白色的顶面，给人温馨、柔和的感觉。在白色的层顶上点缀黑色的边框线条，地面使用了深灰色花纹大理石，并且在电视背景墙部分也使用了深灰色花纹大理石，体现出刚毅、厚重的氛围。在背景墙上搭配中式传统的木纹装饰，并且采用深棕色的简约中式家具，很好地体现了传统韵味。搭配米白色沙发和灰色花纹地毯，将传统与现代很好地融合，给人温馨、舒适、踏实的感觉。

1. 白色与黑色搭配

如果家居空间较小，可以使用白色或米白色作为环境色，搭配黑色的家具并将黑色作为重点色，或者选择黑色与白色相组合的家具。如果空间足够宽敞，可以适当扩大黑色的使用面积，使配色显得更加厚重、坚实。

該卧室空間使用具有厚重感的黑色木质材质作为墙面背景装饰，搭配接近黑色的深灰色传统花鸟画，体现出浓郁的中国传统文化特色。搭配白色的床上用品，展现出新中式风格稳重、质朴的一面。整个卧室空间给人一种沉稳、内敛、富有传统内涵的印象。

2. 白色与灰色搭配

在家居空间中使用白色与灰色作为主要配色，将其中一种颜色作为主色调，另一种颜色作为辅助色，可以使家居空间表现出类似苏州园林或京城民宅的优雅韵味。同时，在家居空间中还可以搭配一些色调相近的软装来丰富空间的色彩层次。

对于中式装修，如果喜欢使用白色，又怕显得惨淡，可以使用白色与灰色进行搭配。该客厅空间使用白色作为墙面主色调，在局部搭配灰色的造型设计，并且添加传统花卉图案进行装饰，搭配米黄色花纹地砖和米白色的沙发，使空间显得明亮、温馨。在空间中点缀青色瓷器的装饰，显得格外清爽、素雅。

3. 棕色系搭配

棕色系色彩可以说是现代中式风格中最常见的配色。使用棕色作为空间的主色调或者辅助色，给人亲切、温馨、质朴的感觉。在家居空间中常常使用棕色与白色相搭配，如果觉得白色过于直白，也可以使用米白色替代，使整体效果显得更加柔和、温馨。

該客厅空间主要使用棕色系色彩进行配色，土黄色的墙面搭配深棕色木纹地板，使空间表现得沉稳、厚重。搭配深棕色的中式家具，很好地体现了传统文化的蕴味。加入米白色的沙发，使空间表现出舒适、温馨的氛围，并且将现代与古典很好地融合。

4. 邻近色搭配

在现代中式风格中最常使用的邻近色是红色和黄色，这两种颜色在中国古代象征着喜庆和尊贵,是具有中式代表性的色彩。在现代中式风格中,可以将这两种颜色与大地色系或无彩色系进行搭配,从而使空间表现出尊贵的格调。

该餐厅空间主要使用白色作为主色调,搭配接近黑色的深棕色家具,在背景墙上搭配红色的背景与金黄色的装饰,餐桌中间搭配金黄色装饰,与空间中的深棕色家具相结合,具有尊贵、古典的韵味。沙发椅上的花纹,又能够体现出一丝现代感,整体给人一种雍容华贵的印象。

5. 多种色彩搭配

选择红色、黄色、蓝色、绿色、紫色之中两种以上的色彩进行搭配,并且在空间中加入白色、大地色、灰色、黑色等,这样的配色可以获得具有动感效果的新中式风格。在所使用的色彩中,色调可以淡雅、鲜艳,也可以浓郁、厚重,但这些色彩之间最好能够形成色调差。

在该客厅空间中,浅棕色占据墙面的大部分面积,搭配梅花花纹,使古典氛围成为主导。加入黑白结合的沙发及蓝色的靠枕,和红色的花束形成对比,增强了配色的张力。虽然色彩对比的面积很小,但是在素雅的环境中还是能够给人留下深刻的印象。

3.3.7　东南亚风格

东南亚家居风格具有源自热带雨林的自然之美,以及浓郁的民族特色。它拥有独特的魅力和热带风情,崇尚自然,注重手工工艺而拒绝乏味,给人带来浓郁的异域气息。东南亚地处热带,气候闷热潮湿,在家居配色上常常使用夸张艳丽的色彩冲破视觉的沉闷,比如红色、橙色、蓝色和紫色等神秘的、跳跃的、源自大自然的色彩。

东南亚风格的软装配色可以分为两大类:一类是以原藤原木的原木色为主,或者使用褐色、咖啡色等大地色系,在视觉上有泥土的质朴感,搭配布艺的恰当点缀,非但不会显得单调,反而会使气氛相当活跃;另一类是使用彩色作为软装主色,例如,红色、绿色、紫色等,墙面局部有时会搭配一些金色的壁纸或装饰,再配以绚丽的布艺,通过使用夸张艳丽的色彩冲破视觉的沉闷,在色彩上回归自然。

墙面	在东南亚风格中,常常使用褐色、土黄色等大地色系作为主色调,色彩浓郁、厚重,给人自然、质朴的印象。	地面	地面多采用深褐色或深棕色的木地板或地砖,与墙面形成统一的色调,给人一种素雅、踏实的印象。

家具	家具大多就地取材，采用木料、藤、竹等原材料，多使用原材料自身的色彩或者深褐色与深咖啡色，崇尚自然。	装饰	空间中多采用热带图案或布艺进行装饰，常搭配一些艳丽的装饰色彩，如红色、橙色、绿色、紫色等，以减弱气候的沉闷感。

　　该东南亚风格的客厅空间使用明度较高的浅土黄色作为墙面主色调，搭配土黄色花纹地砖，色调统一，给人一种温馨、自然的印象。家具则选取木质、麻、竹等天然材料，搭配源于泥土和树木的大地色系，使整个客厅空间充满了自然感和热带风情。

1．大地色系搭配

　　在东南亚风格中，大地色系的色彩通常与白色一起出现。白色与大地色系的色彩组合具有明度对比，兼具朴素感和明快感。这种东南亚风格的配色适用范围广泛，在使用时可以根据室内面积来调整配色比例。

　　该家居空间使用土黄色的花纹壁纸装饰墙面，搭配以木板为原料的深棕褐色家具和地板，无论是从色彩还是造型上都彰显出浓郁的东南亚特点。浅黄色的布艺坐垫，柔化了家具的沉重感，也使得色彩层次更加明显。搭配具有民族风情的窗帘和灯饰，为空间增添一丝活跃感。

2．无彩色系搭配

　　使用无彩色系的黑色、白色、灰色作为家居空间的主要色彩，搭配大地色系或少量的有彩色，是最具有素雅感的东南亚风格配色。它传达的是简单的生活方式。

该客厅空间使用中等明度的土黄色作为墙面的主色调，搭配白色的布艺沙发和黑色的家具，其沙发和家具采用了典型的泰式造型，搭配富有现代感的干花和装饰画，完美融合了东南亚风情与现代感。点缀黄色的台灯，为空间增添了高档与华丽感。

3. 大地色系与绿色搭配

使用大地色系的色彩与绿色进行搭配，是具有泥土般亲切感的配色方式。在东南亚风格的家居设计中，绿色与大地色系之间的对比显得更加柔和，并且能够给人一种自然、亲切的感受。

土黄色与深棕色都属于大地色系。土黄色的地面搭配深棕色的家具和装饰，给人一种自然、沉稳的印象。在空间顶部搭配浊色调的绿色，加上绿色的窗帘和花纹地毯，表现出素雅而不乏细腻感的东南亚风情。

4. 大地色系与多种有彩色搭配

在空间中使用大地色系或无彩色系作为主色调，使用有彩色中的红色、橙色、黄色、紫色等至少三种色彩进行组合搭配，通常有彩色作为点缀色出现，这种配色方式具有很强的魅惑感和异域风情。

该东南亚风格的卧室空间使用大地色系的色彩作为主色调，但是在局部搭配了多种高纯度的鲜艳色彩。蓝色的床单、红色的床头柜、黄色的抱枕等，多种高纯度色彩的搭配，使空间表现出魅惑的东南亚风情。

5. 大地色系与对比色搭配

除了可以使用多种有彩色进行点缀装饰外，还可以在空间中灵活运用对比色进行点缀装饰，例如，红色、绿色的软装搭配效果，用在大地色系的空间或家具中，能够有效活跃空间氛围。

　　该卧室空间使用原木的黄色作为主色调，搭配棕黄色的桌上用品，给人温暖、舒适的印象。点缀大红色的抱枕、蓝色的床单，形成局部的对比，彰显出浓郁的热带雨林风情，妩媚中带着神秘，温柔与激情兼具。

3.3.8　田园风格

　　之所以称为田园风格，是因为其表现的主题贴近自然，展现朴实生活的气息，倡导"回归自然"。

　　田园风格中的色彩均是大自然中最常见的色彩，如绿色、黄色、粉色及大地色系色彩。需要注意尽量避免大面积使用现代气息浓郁的色彩，如黑色、灰色等。田园风格在配色方面最主要的就是给人一种舒适、亲切、悠闲感。

墙面	在田园风格中，多使用自然界的色彩作为墙面主色调，例如，白色、绿色、黄色等，表现出自然的感觉。	地面	地面多采用木纹色的地板，浅木纹色的地板给人柔和感，深木纹色的地板给人踏实、厚重感。
家具	田园风格推崇"自然美"，家具多采用木、藤、竹等自然界中的原材料制作而成，色彩多采用原木色。	装饰	布艺装饰是田园风格中常见的一种装饰方式，其中碎花、条纹、格纹、苏格兰图案等都是常用的装饰图案。

　　该客厅空间使用白色作为主墙面的主色调，而在局部墙面搭配了浅灰绿色，给人一种自然、清爽的感觉。搭配深木纹色地板，使空间显得更加自然。搭配白色的家具和米黄色的布艺沙发，整体效果显得洁净、清爽。在空间中局部点缀黄色的沙发、椅子及绿色的台灯，有效活跃空间氛围，使空间表现得更加柔和、舒适。

1．绿色与白色搭配

绿色是最具有代表性的田园风格的配色，使用绿色作为空间的环境色或者重点色均可，搭配白色能够使空间给人一种清新、自然的感觉。在小户型空间中，可以使用白色作为大面积的主色，绿色作为重点色，具有很好的表现效果。

该客厅墙面使用白色作为主色调，而沙发背景墙使用了绿色与白色相间的条纹壁纸，电视背景墙使用了绿色背景的花纹壁纸，表现出自然、田园的气息。搭配白色的家具和米白色的沙发，以及绿色的窗帘和地毯，使得空间中的田园氛围更加显著，给人一种自然、舒适、悠闲的印象。

2．绿色与大地色搭配

绿色与大地色的搭配形式源自土地与草地、树木等自然界的景象，因此大地色搭配绿色，会具有浓郁的大自然韵味。使用绿色与大地色进行搭配时，可以从色相上拉开一些距离，从而增强空间的色彩层次感。

该客厅空间使用绿色作为墙面主色调，搭配深木纹色的地板及深棕色、白色的家具，给人一种质朴、自然的印象。搭配灰绿色和米白色的沙发，虽然没有明确的田园风格造型，但是通过色彩和材质的双重组合，使空间彰显出浓郁的田园氛围。

3．绿色与红色搭配

绿色与红色的搭配象征花朵，但这两种颜色的纯度不能过于接近，可以使用明浊色调或浊色调。红色出现的最佳方式是带有花朵图案的壁纸或者花卉的装饰点缀，这样虽然绿色与红色是对比色，却不会表现得过于刺激。

该卧室空间使用柔和的黄绿色作为墙面的主色调，搭配浅木纹色的地板，给人一种舒适、自然、柔和的印象。窗帘和抱枕则采用了高纯度的深红色，与绿色的墙面形成对比，从而使空间色彩表现得更加活跃，充满自然韵味。

4．大地色与白色或米白色搭配

大地色具有素雅、亲切的色彩印象，与白色或者米白色相搭配，可以为空间增添一些明快感和柔和感。在空间中，墙面可以使用白色或米白色，搭配大地色的地板和家具，就能够表现出舒适、亲切的印象。

　　该卧室空间使用大地色系进行配色，木纹色的地板与家具搭配浅米黄色的墙面和窗帘，使空间表现得非常自然，有泥土的气息，同时增强了色彩的层次感。整个空间的配色十分简单，但是风格特征鲜明，似在诉说着田园情怀。

5．多种色彩搭配

绿色与黄色搭配具有温暖、舒畅的感觉；与红色、粉色搭配显得甜美、浪漫；绿色与蓝色为邻近色，搭配在一起具有清新感；绿色与大地色进行搭配具有亲切感。绿色与这些色彩进行组合搭配，能够获得非常丰富的效果。

　　该客厅空间使用浅土黄色作为墙面的主色调，搭配原木色的家具和米黄色的布艺沙发，给人自然、舒适的印象。在空间中点缀绿色、蓝色的花纹抱枕，以及红色的沙发和橙色的挂画，使空间色彩表现得丰富、活跃，体现出强烈的热带田园风情。

3.3.9 混搭风格

混搭风格糅合东西方美学精华元素，将古今文化内涵完美地集于一体，充分利用空间形式与材料，创造出个性化的家居环境。混搭并不是简单地把各种风格的元素放在一起做加法，而是把它们有主次地组合在一起。

现代人越来越喜欢混搭空间，但要通过配色捕捉到其独特韵味，首先要将现代与传统、西方与东方、都市与自然等不同风格的主要色系找出来，再依据2：8、4：6或2：6的陈设比例，产生衬托、相融或点缀的作用，使人在空间中一眼望去就感受到丰富的情境演绎。

墙面	在混搭风格中，同一空间中的四面墙可以使用两种以上的风格进行装饰，但切记主色基调要协调一致，产生呼应。	地面	确定墙面的配色之后，建议使用单一色系的木地板，避免空间因颜色与主题过多而失去重心。
家具	可以选择墙面混搭风格中的一种，作为沙发款式与配色的依据，便能够通过重复色系，强化风格印象。	装饰	无论是抱枕、挂画还是装饰植物，装饰配色上可以画龙点睛，突显混搭风格丰富的趣味。

　　该客厅空间采用了现代简约与地中海风格的混搭，米白色的地砖搭配浅蓝色的墙面，给人一种简约、清爽的感受。高纯度的蓝色布艺沙发搭配简约的原木色家具，让人感觉自然、舒适。黄色花纹地毯与抱枕的点缀，为空间增添了一丝活力。

1．现代日式混搭风

　　这种风格既取现代风格的明亮、洁净，也取日式风格的质朴、内敛，因此配色的明度与纯度都可以稍微降低，以营造出视觉感官上的和谐、融洽氛围。可以选用米白色、浅绿色、浅黄色等作为墙面的主色调，搭配原木、布质、皮革等自然原色，营造出层次感。

　　该客厅空间非常简约，使用灰色作为墙面的主色调，搭配木纹色的地板，使空间表现得非常简约、自然。木纹色地板的应用比较特殊，除了地面，还包含一半的墙面和顶面，使整个空间的表现非常富有个性。搭配简约的灰色布艺沙发，给人一种和谐、自然的感受。

2．原木典雅混搭风

　　为了营造典雅意境，原木色的深浅度可以再饱和一些，从而提升整体空间的暖意。为了衬托室内造型和角色，搭配大地色系的家具和装饰，可以使空间表现出自然情趣。另外，为了减缓明亮背景的冷酷感，可以在墙面局部装饰图案，再辅助灯光照明，从而获得丰富的细节布局效果。

该餐厅空间采用了欧式与现代混搭的风格，使用米白色作为墙面的主色调，在墙面中设计欧式的简约线条进行装饰，使得墙面具有欧式的典雅印象。搭配原木色的地板和家具，给人一种自然、简约的感觉，整体空间表现出自然、典雅的印象。

3. 可爱自然混搭风

使用粉色系可以展现可爱风格和亲和力，而自然风格则少不了原木色的质朴感受，将两者兼容混搭，可以通过高明度的白色、米黄色等进行调和，拉近两者的色阶落差。另外，也可以把可爱配色转换成局部图案，但是要降低视觉冲击力，最好融合在自然基调中。

该客厅空间采用了现代简约风格与田园风格混搭的效果，使用浅土黄色作为墙面的主色调，搭配棕色格纹地砖，给人一种温馨、自然的印象。搭配原木色与白色的家具和米黄色的沙发，以及蓝色的沙发椅，使空间多了一些清爽感。斑马纹地毯的应用，又为空间增添了现代感。

4. 现代时尚混搭风

现代风格和时尚风格都是年轻人比较喜欢的风格。现代风格注重简约，色彩上也多使用无彩色进行搭配；而时尚风格则用色大胆，常常在空间中形成鲜明的对比。现代时尚的混搭风格中，可以使用无彩色作为空间的主色调，而在局部通过高纯度色彩的搭配，形成对比，突出重点色的表现，从而使空间的整体氛围更加活跃、时尚。

该客厅空间使用浅土黄色作为墙面和地砖的主色调，给人一种自然、温馨的印象。在空间中搭配灰蓝色的布艺沙发和青色的地毯，为空间增添了清爽感。点缀抽象的水墨挂画和黄色花纹的抱枕，使空间表现出现代感与时尚感。

3.4　个性的空间配色印象

　　前面我们已经介绍了多种不同的配色印象和家居配色风格，但是并不意味着配色只能从这些方面入手。我们能够从生活中获取无穷的色彩灵感，通过恰当的整理，就能够用来装扮室内空间，从而搭配出理想的家居色彩。

3.4.1　同一空间的不同色彩印象

　　在造型、色彩、质感等营造空间效果的元素中，色彩的影响力是最为显著的。同样造型和质感的空间界面与家具，当采用不同的配色方案时，居室氛围将变得完全不同。

　　该卧室空间使用深暗的绿色作为墙面主色调，搭配深棕色的家具，使整个空间氛围表现得古朴、传统。

　　将该空间中的墙面调整为淡弱的浅灰绿色，而家具则调整为灰棕色，空间氛围的整体印象随即发生转变，给人一种自然、柔和的印象。

　　根据视觉和心理需要，先选择需要表达的色彩印象，然后将能够表现该印象的色彩以恰当的位置和面积，赋予空间中各物体上，便能够营造出理想的居室氛围。

　　该客厅空间使用深棕色的木地板搭配同样深棕色的家具，以及灰色的沙发，形成传统、稳重的空间氛围。点缀灰蓝色的沙发和抱枕，在统一色调的棕色空间中增添一些现代感。

　　该客厅空间使用浅米黄色作为主色调，浅米黄色的墙面、地毯，搭配浅米色的沙发，整体色调统一，并且这些颜色都是高明度、中等纯度的明浊色调，整体空间表现出自然、柔和的氛围。

　　在同一空间中，运用不同印象的色彩，能够营造出完全不同的居室氛围。反过来，同一类的印象的运用到空间中，也不会造成千人一面的情况，同样可以有着丰富的变化。只是这些变化造成的差异，不像前者那样强烈，而是非常微妙、柔和。

　　同一类色彩印象，搭配色彩的细微区别，以及色彩在空间中面积的差异，也会造成空间氛围的细微变化。正是这些丰富的变化，使得空间配色具有无穷的魅力。

　　该客厅空间使用浅黄色作为主色调，浅黄色的墙面、浅土黄色的花纹地砖、浅黄色的布艺沙发等，给人一种柔和、自然的感觉。搭配橙色的窗帘，使得空间更加温暖。点缀黄绿色的沙发椅，给人一种宁静、自然的感受。

　　该地中海风格的客厅使用浅黄色作为墙面的主色调，搭配白色的屋顶和家具，给人一种温暖、舒适的印象。搭配灰蓝色条纹沙发，给人一种惬意、轻爽的感受。

3.4.2　共通色与个性色

　　在人们的印象中，某种类型的室内空间的配色印象具有广泛的共通性，但是个人喜欢的配色可能并不完全与共通色一致，而是将共通色印象与个人喜好相结合，进行综合搭配，形成带有个人特点的创造性配色印象。

具有男性化气质的共通色

该卧室使用无彩色的深灰色和黑色作为主色调，搭配冷色系的灰蓝色，表现出浓厚的男性气质特点，给人一种简洁、硬朗的印象。

组合女性色彩形成个性配色

将床上的被子调整为深棕色，床头的花调整为红色，加入一丝暖色调，使得空间显得不是那么硬朗，让人感受到温暖和个性。

木纹色的背景墙与地板，搭配灰色的沙发，这两种颜色是典型的具有自然气息的共通色，整体给人一种自然、舒适、简约的印象。

将空间中的局部沙发替换为高纯度的橙色沙发，地毯替换为高纯度的彩色格纹地毯，在自然气息的基础上为空间注入活力，形成个性的配色。

第 4 章

增强家居配色效果
的技巧

　　除了前几章中介绍的家居配色的基本方法和搭配模式，还有一些能够快速增强家居配色效果的技巧。理解并掌握这些配色技巧，可以使家居空间的配色摆脱平庸，形成与众不同的风格。

4.1 使家居空间的配色更加融合

在进行配色设计的时候，在主题没有被明确突显出来的情况下，整个设计就没有融合的方向。我们可以通过对色彩属性（色相、明度、纯度）的控制来达到融合的目的。融合型的配色方式包括同类色、邻近色等类型，视觉上没有强烈的对比效果，给人一种稳定、舒适、融合的感受。

显眼的配色

沙发的蓝色作为主色调，其与环境的白色以及地板的木纹色形成对比，这样能够有效突出主角的存在感，具有十分醒目的配色效果。

融合的配色

将沙发的颜色替换为浅米黄色，与白色墙面的对比减弱，与地板的木纹色也比较接近。虽然墙面上还有红色的装饰画，但由于其面积较小，整体的配色已经大大趋向于融合。

该卧室空间使用土黄色作为主色调，搭配深棕色的家具，属于类似型配色，色相差较小，使得整体空间给人平和、宁静、踏实的感觉。

该小户型空间使用白色作为主色调，暖色调的床上用品、绿色的椅子和黄色的地毯之间形成色相的对比。但这几种颜色都属于高明度、低纯度的色彩，而且明度和纯度都比较接近，因而也能够体现出整体的融合感。

4.1.1　邻近色配色

色相相差越大，越会给人活泼的感觉；反之，色相相差越小，则越给人稳定的感觉。如果色彩给人过于突出和喧闹的感觉时，可以采用减小色相差的方法，使色彩彼此趋于融合，使配色更稳定。

该卧室空间使用浅黄色作为墙面的主色调，搭配棕色的木地板，营造出温馨、舒适的氛围。但是高纯度的蓝色床上用品与低纯度的浅黄色墙面之间的色相差过大，给人一种不安定的感觉。

将床上用品改为高纯度的黄橙色，其与墙面的浅黄色是邻近色相，营造出空间的温馨与温暖感，并且它们在色彩纯度上的对比也使空间具有一定的活力。

只使用同一色相色彩的配色称为同相型配色，只使用邻近色相色彩的配色称为类似型配色。同相型的色相差几乎为零，而邻近型的色相差也极小，这些色相差小的配色能够产生稳定、温馨、传统、恬静的效果。

该卧室空间使用白色作为墙面的主色调，搭配浅木纹色的地板，给人明亮、自然的印象。搭配高明度、低纯度的浅蓝色床上用品和家具，浅蓝色与白色的色相差较小，给人以宁静、安逸的感觉。

该卧室空间使用中等明度的浊色调土黄色作为墙面的主色调，在背景墙部分则搭配了明度低一些的咖啡色。类似色相的配色是对比弱且略有变化的配色，传达出和谐、内敛的印象，让人感觉非常柔和、舒适。

4.1.2　同明度配色

在色相差较大的情况下，如果能够使各种色彩的明度靠近，则配色整体上能给人安定的感觉。这是在不改变色相、维持空间原有氛围的同时得到安定感的配色方法。

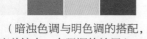

（暗浊色调与明色调的搭配，
明度差较大，有强调的效果）

（统一至明色调，明度差较
小，给人稳定感）

墙面色彩的明度过低，与空间中的家具、地板等物体的明度差过大，使得整个卧室空间显得压抑、沉重。

将蓝色墙面的明度提高，使其明度与地板和家具的明度相似，从而使得空间具有稳重、富有活力的感觉。

同色相且明度对比弱的配色，很容易使空间表现过于平稳，让人有乏味的感觉。这时可以增大色相差，避免色彩单调。

明度差和色相差可以结合运用，如果明度差过大，则应该减小色相差，以避免因过于突显而导致混乱。

　　该客厅空间使用明度较高的浅土黄色作为墙面的主色调，搭配浅米黄色的沙发，它们之间的色相与明度都比较接近，给人一种和谐、温馨的印象。为了使空间不让人感到乏味，在空间中搭配了高明度的蓝色沙发和棕色的茶几，避免空间色彩单调。

　　该卧室空间使用高明度的浅蓝色作为主色调，与白色相搭配，给人明亮、清爽的印象。空间中的窗帘则使用了低明度的深蓝色，与墙面的高明度浅蓝色形成较大的明度差，但是它们属于同色相、不同明度的配色，所以即使明度对比强烈，也能够产生统一的视觉印象，并且使色彩富有层次感。

4.1.3　同纯度配色

　　同纯度色彩搭配是指空间中的所有色彩都具备相同或相似的纯度值，并形成统一的色调。因此，即使色相之间差异较大，也能够给人较为和谐、整体的视觉感受。

　　纯度的高低能够决定室内空间视觉冲击力的大小，纯度值越高，越显得鲜艳、活泼、绚丽，越能够吸引眼球，独立性及冲突感就越强；纯度值越低，色彩就越显得朴素、典雅、安静、温和，独立性和冲突感就越弱。

　　该卧室空间用白底粉色花纹壁纸铺满墙面，给人一种纯真、浪漫的印象。搭配米黄色的沙发，显得温馨、舒适。在空间中点缀了多种不同色相的颜色，这些色彩的纯度都比较接近，并且各种色彩的面积都比较小，所以对比并不是很强烈，给人一种欢乐、和谐的印象。

　　该卧室空间使用白色作为墙面的底色，使用高纯度的蓝色在墙面上表现相应的几何形状，并且搭配同样高纯度的橙色，这两种高纯度色彩的对比非常强烈，给人很强的冲突感，使空间表现得更加鲜艳、活泼。为卧室的门搭配黑白条纹的装饰，使整个空间表现得更加富有个性。

4.1.4　添加同类色或类似色搭配

　　配色至少需要两种颜色，加入与前两种颜色中的任意一种色相相近的颜色，就会在对比的同时增加整体感，同时能够通过添加同类色的方式继续增强融合，起到很好的调和作用。

　　如果选择与前两种色相不同的颜色，就会强化三种颜色的对比。

（蓝色与橙色的对比配色，显得冲突很强）　　　　（各自添加类似色，能够减弱对比，增强融合）

高纯度的黄色与深蓝色这两种对比色的搭配，对比非常强烈，让人感觉躁动而不舒服。

稍微降低一下色彩的纯度，并且加入同类色不同明度的色彩进行搭配，配色的感觉不仅更加自然、稳定，而且更丰富，符合家居的味道。

　　添加两种颜色的同类色，也就是同一色相、不同色调的颜色，也能够使整体形成调和，产生稳定的感觉。

（虽然不是纯色调，但色彩对比依然强烈）

（各自添加同色相、不同色调的颜色，显得更加融合）

　　该卧室空间使用灰蓝色作为墙面的主色调，给人宁静的印象。搭配深红色的窗帘和抱枕，与灰蓝色的墙面形成对比。因为墙面的灰蓝色纯度并不是很高，所以对比不是特别强烈。在空间中加入土黄色的地毯进行调和，再加上棕色的家具，虽然有对比，但整体还是给人一种融合的感觉，在融合中又能够给人活跃的印象。

　　该卧室空间使用蓝色作为主色调，高纯度的蓝色与黄色相搭配的床单，有效吸引了人的注意，并增强了空间的活力感。在墙面上搭配不同纯度的蓝色条纹壁纸，通过同类色的搭配，强调了空间的主色调。加入白色的家具和灰色的墙面，使空间中的色彩更加融合。

4.1.5　重复使用色彩

　　相同的色彩在空间中不同的位置上重复使用，即使面积大小不同，也能够达到共鸣融合的效果。一致的色彩不仅互相呼应，还能够增加整体空间的融合感。

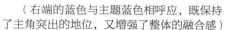

（鲜艳的蓝色单独出现，是配色的主角，它虽然很突出，但是却显得孤立，配色缺乏整体感）

（右端的蓝色与主题蓝色相呼应，既保持了主角突出的地位，又增强了整体的融合感）

单独出现显得孤立
　　该空间使用灰蓝色作为墙面的主色调，搭配白色的家具，使得空间给人柔和、清爽的印象。高纯度的黄色单独出现在墙面的装饰画上，与空间中其他的色彩没有呼应，使得空间缺乏整体感。

重复应用色彩，增强空间融合
　　该空间中将高纯度的黄色应用于多个位置，使得椅子、装饰画等产生呼应，空间的整体感得到很大的增强。同时，黄色的加入也使空间表现得更加活跃。

没有呼应，形成强调
　　空间中只有一把黄色的椅子，其他椅子都采用了无彩色进行搭配，没有重复，从而使黄色的椅子表现得非常突出，削弱了空间的整体感。

色彩重复，形成整体感
　　空间中所有的椅子都使用了高纯度的黄色，黄色的重复出现，使餐桌区域形成整体感。

该小户型的空间使用明亮的浅蓝色作为沙发背景墙的主色调,搭配灰色的沙发,形成有彩色与无彩色之间的对比。将沙发上个别抱枕的颜色设置为与背景墙相似的浅蓝色色调,从而形成色彩的重复与呼应。沙发的灰色与背景墙上的灰色条纹装饰同样能够形成呼应,从而使空间的融合感增强。

4.1.6 明艳调配色

明艳调配色是指空间中的大部分色彩都具备较高的明度和纯度,呈现出鲜艳、明朗的视觉效果,是非常适合表现儿童、青年、时尚、前卫、欢乐、积极等主题的配色。但是这类配色有可能给人造成过于刺激、浮躁的感觉,因此在配色时可以通过加入黑色、白色、灰色等无彩色进行适当的调节,以缓和鲜艳色彩的刺激感。

该儿童房使用高明度的浅蓝色作为主色调,搭配白色的家具,给人清爽、洁净、柔和的印象。点缀粉红色的家具和浅黄绿色的床上用品,多种鲜艳色调的搭配,使得空间给人欢乐、愉快的印象。因为所使用的色彩明度都比较高,并且加入了白色进行调和,所以整体让人感觉柔和、不刺激。

该卧室空间使用白色作为基底色彩,在背景墙上搭配明艳的黄色圆形图案,视觉效果非常突出。搭配多种色彩的图案装饰,使整个空间充满活力与时尚氛围。因为整个空间大面积使用了白色进行调和,并且除了白色以外,黄色所占据的面积最大,所以整体还是给人主题突出、不混乱的感觉。

4.1.7 暗浊调配色

暗浊调配色是以明度较低或纯度较低的色彩为主的配色,能够使空间表现出稳重、低调、神秘的感觉,常用于表现高端、严肃、深邃等主题。这种配色由于色调深暗,色相之间的差异并不是特别明显,容易使空间给人一种沉闷与单调感。在配色时可以考虑在空间中点缀少量小面积、高纯度的色彩,这样能够有效减轻空间的沉闷感,并形成空间的重点。

　　暗浊色调常运用于卧室的配色中。该卧室空间使用深暗的咖啡色和棕色进行搭配,使得整个空间给人一种沉稳、厚重、低调的印象。白色的床单在空间中显得明亮、干净,搭配深酒红色的装饰和抱枕,给人高档、考究的感觉。

　　该卧室空间使用接近黑色的深棕色作为主色调,深棕色的家具和背景墙,搭配白色的床和沙发,还有黑灰条纹的被子和灰色的地毯,使得空间显得低调、沉闷。在床头柜上搭配高纯度橙色的台灯,并在沙发上搭配红色的抱枕,这些在空间中小面积点缀的色彩,使得空间不再显得沉闷、单调。

4.1.8　灰调配色

　　灰调配色是指在纯色中加入不同量的灰色所形成的配色,其色彩纯度较低,色彩明度变化较多,通常给人比较朴实、稳重、平和的感觉,适合表现休闲、老年等主题。纯度过低的色彩容易令人感到单调、乏味,因此在进行配色时,可以适当加强色彩之间的色相对比或明度对比,使空间的色彩层次更加丰富。

　　该书房空间用灰蓝色的家具围绕四周的墙面,搭配棕色的沙发和地板。灰蓝色与棕色属于对比色,但这两种颜色中都添加了灰色,使得它们的纯度都不高,所以对比并不强烈,反而给人一种稳重、自然的印象,并且使空间中的色彩层次丰富。

　　该客厅空间使用纯度较低的土黄色作为墙面的主色调,给人一种温馨、舒适的感觉。灰蓝色的沙发与土黄色的背景墙形成弱对比,活跃了空间氛围。搭配棕色的家具和土黄色的地毯,整个空间的色彩都属于含灰的中等纯度色彩,给人一种质朴、踏实、平和的感觉。

4.2　通过对比突出主题的配色技巧

　　在空间配色中，主题明确，就能够让人产生安心的感觉。主题往往需要被恰当地突出表现，才能在视觉上形成焦点。如果主题的存在感很弱，配色整体上就会缺乏稳定感，也会让人感到不安。

强势主题具有明显的安定感
　　该客厅空间使用浅米黄色作为墙面的主色调，电视背景墙采用了浅黄色与蓝色间隔的条纹壁纸，搭配白色的家具，整体给人温馨、洁净的印象。蓝色的沙发让人一眼就能够注意到，这是因为其色彩在空间中具有足够的强度，使空间具有精致、洒脱的氛围。

弱势主题可以通过点缀色来增强
　　该小户型空间主要使用黑、白、灰三种无彩色与浅木纹色进行搭配，给人自然、简约的印象。空间中的主题虽然不强势，但是它占据的面积较大，而且在沙发上放置了彩色几何图案的抱枕，使得人的视线被吸引到这个低调的灰色沙发上来。

　　主题有强势的，也有低调的，即使是低调的主题也可以通过相应的配色技法，使其得到很好的强化和突显。突出主题的方法有两类：一类是直接增强主题；另一类是在主题色较弱势的情况下，通过添加衬托色、削弱其他色等方法来确保主题的相对优势。

　　该卧室空间使用浅咖啡色作为主色调，给人一种踏实、稳重、温馨的印象。搭配高纯度红色的床上用品及红色的地毯，使床成为整个空间的主角，在视觉上形成非常明确的重点。在空间的其他位置也少量点缀了高纯度红色的装饰，从而形成统一的色彩印象，给人热情、浪漫的感觉。

　　该小户型空间使用灰色作为墙面的主色调，搭配木纹色的家具和地板，给人一种朴实的印象。在空间中搭配灰蓝色的沙发和黄色的椅子，通过增大与配角黄色之间的色相差，突出了灰蓝色沙发的主角地位。

4.2.1　色相对比配色

　　色相对比指的是色相环上任意两种或多种颜色并置在一起时，通过色相差异形成的对比现象。色相对比时，明度越接近，效果就会越明显，对比感也越强。此外，运用高纯度的色彩进行搭配，对比的效果也会更明显。

1. 提高纯度增强主题

　　要想使空间中的主题变得明确，提高主题的色彩纯度是一种非常有效的方法。主题变得鲜艳起来，自然会与空间中的其他物体产生对比，也就会使主题突显出来。

主角模糊
　　该小空间中使用白色作为主色调，白色的沙发虽然占据重要的位置和很大的面积，但因为其与环境色相同，所以存在感较弱，主题不够突出，整体氛围显得寡淡、无趣。

突出主题的表现
　　将空间中的沙发替换为鲜艳的黄色，引人注目，形成空间的视觉中心，给人一种主题突出、富有现代感的感觉。

2. 通过与其他色块的对比来增强主题

　　如果空间中的主题颜色与背景和配角颜色的纯度相近，则主题颜色无法突显，整体会给人平和的印象。这时候可以提高主题颜色的纯度，使其在空间中的存在感变得突出、清晰。

（整体色调都属于暗浊色调，主题颜色并没有被突显出来）

（提高配色中主题颜色的纯度，使主题立即变得突出而强势）

配角压倒主角

主角沙发椅使用深灰色，其表现效果不如周围的黄绿色沙发和墙面上的红色装饰画，使得主角在空间中不够突出，给人混乱的感觉。

主题色的强势能够聚拢视线

将主角沙发的颜色替换为鲜艳的高纯度红色，与墙面上的红色装饰画相呼应，保持了主题色的强势，使视线得以聚拢。

该卧室空间使用浅黄色作为墙面的主色调，搭配深棕色的家具，给人自然、踏实的印象。空间中的主角为床，所以在床上添加了高纯度绿色的抱枕和装饰作为点缀，突出了主角的表现，并且搭配了相同颜色的窗帘形成呼应。空间中绿色的纯度比其他颜色的纯度都要高，所以很容易突出表现主题。

3. 增加色相对比

使用同色调的颜色进行搭配时，如果色相差较小，则整体给人一种温和、平淡的感觉；而如果色相差较大，则对比强烈，整体空间给人一种充满活力、明朗的感觉。

色相差小，温和平淡
　　主角土黄色的墙面与深棕色的沙发属于同类色，只是具有不同的明度和纯度；同类色搭配，色相差小，整体给人一种朴实、厚重、低调、内敛的印象。

色相差大，有力、明朗
　　墙面依然是土黄色，但将空间中的沙发和箱子调整为蓝色，与背景的土黄色之间的色相差拉大，形成对比配色，使空间给人明朗、有力的印象。

　　在空间中使用对比色相的颜色进行搭配，不仅能够突出表现空间的主题色，而且能够改变整个空间的配色氛围。

　　灰蓝色的背景墙面搭配蓝色的沙发，属于类似色相的配色，色相差太小，既没有突出主角，又使氛围显得十分冷清。

　　保持灰蓝色的背景墙面，将主角沙发的颜色调整为与其形成对比的黄色，并且提高主角颜色的明度和纯度，产生色相对比，既突显了主角，又有一种开放、欢乐的氛围。

4.2.2　添加点缀色

　　当空间中的主题比较朴素时，可以通过在其附近点缀鲜艳的色彩来突出主题，使主题

115

在空间中突显出来。如果空间的整体配色已经非常协调，那么点缀色的加入能够使整体更加鲜明、华美。

该卧室空间的主角是床，但是床使用了纯白色，而背景墙则使用了白色搭配红色和黄色的线条，所以背景墙实际上比床更加突出。这时候可在床上添加高纯度黄色的抱枕以及黄色花纹和黑白条纹的抱枕进行点缀，从而增强主角的表现效果。

点缀色的面积不能过大，如果点缀色的面积太大，就会使配色升级为大块色彩，从而改变整个空间的色相。使用小面积的点缀色，既能够装饰主题，又不会破坏空间的整体氛围。

白色的床上用品搭配浅灰色的抱枕，使得空间的主角显得很雅致；但是因缺少应有的衬托，使得主角在空间中的表现并不是很突出，而显得比较冷清。

将白色床铺上的抱枕调整为灰蓝色与红色，灰蓝色也能够与空间墙面的蓝色形成呼应。虽然抱枕的面积不大，但是立即使空间的主角变得引人注目。

该客厅空间主要使用含灰的浅浊色调进行配色；空间的主角是沙发，同样采用了灰色调，与背景墙的色调相近，整体给人一种朴实、素雅的印象。在添加点缀色时，其鲜艳度需要根据配色的诉求来决定。如果整体追求素雅的感觉，那么点缀色尽量不要使用过于鲜艳的色彩。

　　该空间使用白色调作为主色调，给人洁净、明亮的感觉。白色调的空间原本非常平淡，但添加鲜艳的挂钟和装饰画之后，就形成了清爽、富有活力的氛围。

4.2.3　增强明度对比

　　明度指的是色彩的明暗程度。明度最高的是白色，明度最低的是黑色。任何颜色都有相应的明度值，在色调图上，越往上的色彩，其明度越高，反之则越低。在空间配色中，将主题色与搭配色之间的明度对比增大，能够有效突出主题的表现，使主题在空间中突显出来。

明度差小，主角存在感弱

　　在该卧室空间中，床上用品使用白色与高明度的浅蓝色进行搭配，与周边色彩的明度差较小，使得空间中主角的存在感较弱。

明度差异大，突显主角

　　将床上用品的蓝色明度降低，使得床上用品与周边色块的明度差增大，从而突出了空间中主角的表现效果。

　　同样都是纯色调，但是不同的色相，其明度是不同的。例如，黄色是有彩色中明度最高的，而紫色是有彩色中明度最低的。

　　该餐厅空间使用深蓝色墙面与木纹色家具装饰，给人一种自然、原生态的印象。在空间中搭配白色的桌子和高纯度黄色的椅子，高纯度的黄色明度很高，与墙面和地板形成明度对比，使得空间中的桌子和椅子表现得非常突出，同时能够活跃整个餐厅空间的氛围。

　　紫色是明度较低的色彩。该客厅空间使用紫色的沙发搭配白色的环境色和浅木纹色的地板，使得紫色沙发与周围的物体产生明度的对比，从而突出表现了紫色沙发，整体给人一种典雅、富有高贵气质的印象。

4.2.4　抑制配角色或背景色

　　虽说空间中的主题色通常都具有一定的强度，但是并非所有的主题色都是纯色这样鲜艳的色彩。根据色彩印象，主题色采用素雅色彩的情况也很多，这时对主题色以外的色彩稍加抑制，就能够让主题色在空间中突显出来。

　　那么，如何才能抑制配角色和背景色呢？其实方法很简单：配角色和背景色避免使用纯色和暗色调，可以使用淡色调或者淡浊色调，这样就可以使配角色和背景色得到抑制。

背景色过于强势

　　在该卧室空间中，背景墙使用了高纯度的绿色，使得鲜艳的背景色彻底将主角的颜色压倒，主角不够突出、鲜明。

削弱背景，衬托主角

　　将背景墙的颜色修改为高明度、低纯度的灰绿色，抑制了大面积背景色的表现，从而更好地衬托了绿色与白色条纹的床上用品的表现效果。

背景色过于强势

在该餐厅中，高纯度的黄色墙面色彩非常鲜艳，而餐桌和餐椅都采用了低明度的深棕色，使得墙面的表现效果过于强势，从而使得主角不够突出。

削弱背景，衬托主角

将背景墙的颜色修改为高明度、低纯度的浅黄色，使墙面显得柔和、明亮。搭配棕色的餐桌和餐椅，有效突出了主角的表现，整体让人感觉柔和、舒适。

作为该卧室空间主角的床，采用了纯度较高的蓝色与白色条纹进行搭配，而配角则采用了明度较低的棕色，背景墙面使用了更加柔和的土黄色，使得主角在空间中表现得非常醒目，并且整体上给人一种舒适、优雅的感觉。

4.2.5　面积对比的配色

色彩面积大小的搭配对空间色彩印象的影响很大，有时候甚至比色彩的选择更为重要。在室内空间中，通常大面积的色彩使用高明度、低纯度、弱对比的色彩，给人以明快、持久、和谐的舒适感；中等面积的色彩多采用中等程度的对比，既能够引起人们的视觉兴趣，又不会对视觉造成过分刺激；小面积点缀的色彩常采用鲜艳的色调、明亮的色调以及对比色，这样能够活跃空间氛围。

该卧室空间使用高明度的粉红色作为背景墙的主色调，大面积应用粉红色，使得空间表现出甜美、柔和、浪漫的氛围。搭配酒红色的床上用品，与背景墙的色相相同，但纯度更高、明度更低；因为其面积较小，所以整个空间依然给人一种可爱、甜美的印象。

该客厅空间使用米白色作为墙面的主色调，其所占面积最大，搭配深灰色的沙发，与背景墙形成明度的对比，突出了主角的表现，给人一种自然、简约的印象。在空间中加入绿色、黄色、蓝色等配角色，使得空间表现更为丰富，整体氛围更加活跃。

4.3　增强配色的节奏

色彩能够传达独特、富有生命力的节奏韵律。带有规律性、有节奏变化的配色可以舒缓人的疲劳、紧张的情绪，赋予其心理上的愉悦感。

4.3.1　使用调和色

调和色是指调整空间的整体配色效果与印象的色彩。调整某个色相或主体色调时，小面积地使用调和色，就能够突出画面的重点。运用无彩色的白色作为调和色，则能够在不破坏整体色彩感觉的前提下制造视觉上的重点。

过于单调、沉闷

该空间使用大地色系作为整体色调，土黄色的墙面搭配土黄色的沙发，加上灰色格纹的地毯，整体色调统一、和谐，但会给人一种过于沉闷、单调的印象。

突出主角，活跃空间氛围

将空间中的沙发处理为比墙面的色彩明度和纯度稍高的黄绿色，从而使空间中的色彩更富有层次感。灰色格纹地毯也调整为蓝灰格纹地毯，从而使空间中的主角突出，而且整体氛围更加活跃。

色调统一、单调

该空间使用蓝色作为主色调，包括浅蓝色的墙面、窗帘、椅子等。空间中几乎所有的物体都使用了明度较高的蓝色，使得整个空间的色调统一，但全部是蓝色也会给人单调的印象。

加入白色进行调和

将空间中的椅子替换为白色，当然也可以为空间中的其他物体加入白色。通过加入白色进行调和，使空间给人一种开放、洁净的感觉。

在具有明度差的配色中使用调和色的效果最佳。在引人注目的暖色系色彩中使用高纯度的调和色，会有非常出彩的效果。其关键在于小面积地使用调和色。如果大面积地使用调和色，则会改变整个空间的配色效果和印象。

　　该客厅空间的设计富有个性，使用红色墙砖装饰背景墙，搭配了富有艺术感的壁画，给人一种踏实、厚重、富有个性的印象。搭配浅灰色的沙发，点缀高纯度的黄色抱枕，使得空间顿时充满活力，空间整体显得更加时尚、有活力。

　　该卧室空间使用纯白色作为墙面的主色调，搭配浅木纹色的地板、棕色的家具，以及灰色的床和无彩色的床上用品，使得空间整体表现得自然、舒适。但是以无彩色为主的搭配会使空间显得有些单调、乏味。在空间的角落点缀蓝色的椅子，从而为空间增添一丝活力。

4.3.2　灵活使用白色

　　白色形成的光影效果能够使空间呈现出很强的通透感和空间感，而不会给空间造成负担。白色可以在不改变有彩色的色相、明度和纯度的情况下，将有彩色衬托得更加清晰、明确。在室内空间中大面积地运用白色，可以表现出明亮、洁净的效果，并弱化有彩色的嘈杂感，给人清爽的视觉印象。

（明朗）　　　　　　　　　　　　（精美）

（典雅）　　　　　　　　　　　　（大气）

　　将白色作为整个空间的主题色而非背景色来处理，空间表现出纯粹、通透感，令人更加关注整个居室的格局、结构及线条的动态美感。点缀少量淡雅的有彩色，使整个空间更加富有活力。

该卧室空间使用纯白色作为主色调，包括白色的墙面、床上用品，给人一种非常洁净、明亮的感觉。背景墙部分的处理是该空间的亮点，使用蓝色的线条勾勒出具有立体感的图形，结合黑白插画，给人一种富有个性、现代的感觉，非常适合表现当下年轻人对于个性的追求。

4.3.3　调整色彩的领地

在空间中，即使是完全相同的色彩搭配，不同的面积或位置安排也可能会使空间呈现出截然不同的情感和视觉印象。对于有主次之分的空间，对色彩面积的控制尤为重要。

该儿童房使用浅蓝色作为墙面的主色调，使得空间给人强烈的清爽与洁净的印象。在空间中搭配粉红色的床单及其他色彩的装饰，使得空间表现出一丝少女的甜美和清新的氛围。

如果使用粉红色作为墙面的主色调，也就是在空间中大面积运用粉红色，则整个空间给人一种甜美、浪漫的氛围。搭配浅蓝色的床上用品，则是在甜美的基础上多了一丝清爽、柔和感。

空间主角周围的空余面积会成为主角的领地，其领地面积越大，主角就表现得越突出醒目。如果领地足够大，即使是再弱小的主角，也会被衬托得很强烈。

该空间的主角是绿色的沙发，整个空间都采用了偏灰的无彩色进行搭配，而沙发则采用了高纯度的绿色，与无彩色的空间环境形成强烈的对比，有效突出了沙发的表现效果，也使得空间显得更加富有个性、时尚。

该儿童房空间使用深蓝色作为主色调，与白色相搭配，具有洁净、理性、坚强的表现效果。在空间的中间位置放置白色的床铺，与深蓝色的背景墙形成非常强烈的对比，并且床铺的周围都比较空，有效地突出了主角的表现。整个空间给人一种现代、理性、洁净的印象，非常适合男孩居住。

4.3.4　色彩节奏的重复

在家居的配色过程中，将色彩按照统一的形状、大小、走向进行有秩序的编排，其色彩、色调或形状重复运用三次以上所形成的效果，称为色彩节奏的重复。这样的配色方法能够使大量不同的色彩得到充分的展示，富有韵律感和节奏感，又不会使空间显得纷繁杂乱，因而是多种颜色搭配的有效技巧之一。

该卧室空间使用纯白色作为空间的基础色调，也就是主色调，给人一种明亮、洁净的印象。背景墙部分使用编织的工艺品作为装饰，这些编织材料取材于大自然，均为棕色。色彩的多次重复运用，使得背景墙富有很强的节奏和层次感。而取材于自然的编织材料，能够使空间表现得更加自然、朴实。

该儿童房空间使用白色作为墙面的基础色，在墙面上有规律地排列了多种鲜艳色彩的竖条纹装饰，并且在地板上使用相同色彩的地毯来延伸墙面上的竖条纹，使空间富有极强的韵律感和节奏感。多种鲜艳色彩的运用，也使空间表现得更加欢乐、活跃。

4.3.5　多变的无彩色

无彩色能够整合空间配色的整体印象，使有彩色表达的意向更加明确、强烈。黑色与白色的配色给人极简的印象，适合表现高端、纯粹、坚定等意象的空间主题；而灰色则是搭配度极高的色彩，几乎能够与任何色彩进行组合搭配，不同明度的灰色更是能够呈现出不同的面貌以及丰富的层次感。

　　该小户型空间使用白色作为墙面和家具的主色调，并且家具都采用了烤漆的光面材质，使空间显得明亮、高档。搭配黑色的椅子、地毯等装饰，白色与黑色的对比非常强烈。空间中并没有过多的装饰，表现得极其简约，给人一种纯粹、现代、时尚的印象。

　　使用明度稍有不同的灰色来处理主墙面，使得主墙面表现出斑驳的效果，体现出层次感。而其他的墙面都粘贴了黑白的都市街景壁纸，使人仿佛置身于繁华的都市之中。空间中的其他家具和装饰基本上也都采用了不同明度的灰色进行处理，使整个空间表现得非常简约、富有艺术感。

4.3.6　高端的含灰色调

　　含灰色调具有明确的色彩倾向，既不像纯色调那样鲜艳刺激、咄咄逼人，也不像无彩色那样单调乏味，而是集合两者的特点，呈现出较为低调、优雅、沉静、柔和、朴实无华的风格。这种配色技巧在家居空间的配色中应用非常广泛，根据含灰量的不同，能够表现出不同的效果。

　　该卧室空间使用高纯度的黄绿色作为墙面的主色调，给人一种新鲜、自然的印象。搭配白色的家具和红色碎花纹的窗帘与床单，使空间表现出浓郁的田园风情。

　　如果在墙面的黄绿色中加入灰色，使其表现为中等纯度的浊色调，则使空间体现出雅致、平和、宁静的氛围，整个空间让人感觉更加舒适、柔和。

　　该卧室空间使用大地色系的色彩进行搭配，用土黄色的欧式花纹壁纸铺满整个墙面，搭配棕色木质纹理的家具，给人一种自然、原生态的印象。在空间中搭配同样为浊色调的印花窗帘、床上用品及地毯，整个空间的色调都是含灰的浊色调，体现出低调的品质感。

第 5 章

家居配色案例解析

家对每个人来说都是一个温馨的港湾。家居空间给人的第一印象便是这个空间的整体布局和色彩搭配。不同的家居设计有着不同的风格，这就需要根据居住者的个人喜好和所追求的品位，以及个人的素质和生活情趣等进行搭配。一个家居空间设计成功与否，在很大程度上取决于色彩的搭配。

5.1　量身定制的家居配色

大部分情况下人们对色彩具有共通的审美感受。不管是哪种色彩印象，都是通过色调、色相、色彩的数量、对比的强度等诸多因素综合而成的；将这些因素按照一定的规律组织起来，就能够准确地营造出想要的配色印象。

5.1.1　厚重、坚实的家居配色

表现男性特征的色彩通常是厚重或冷峻的，以暗浊色调和深暗色调为主，具有厚重感的色彩能够表现出强大的力量感；以冷色系或黑色、灰色等无彩色为主，色彩的明度和纯度都较低，冷峻感的色彩则表现出男性理智、高效的感觉。

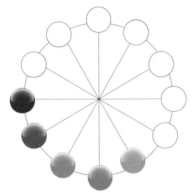

（以蓝色为中心的冷色系色彩为主）

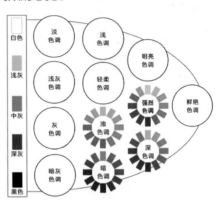

（以强烈色调或深暗色调为主）

男性给人的印象是阳刚、有力量，为男性的居住空间设计配色时应该表现出他们的这种特点。冷峻的蓝色或具有厚重感的低明度色彩就具有这种特点。当然，也有一些业主会追求个性，觉得暗沉的色调很沉闷。纯色或高明度的黄色、橙色、绿色可以作为点缀色，与具有男性特点的色彩搭配，但需要控制两者的对比度。通常来说，处于主要地位的大面积色彩，除了白色、灰色以外，不建议明度过高。

该小户室空间使用灰色作为基底颜色，搭配浅木纹地板和木纹板装饰的电视背景墙，使空间表现出简洁、自然、朴实的印象，灰蓝色的布艺沙发和窗帘，纯度较低，为空间增添了舒适与活力感，而黑白格纹布艺沙发与纯色沙发的组合，则使得空间更富有现代感，整个空间给人一种明朗、简约、清爽而富有男性魅力的印象。

1．蓝色搭配

以蓝色为主的配色，具有冷色系的特点，能够表现出理智、冷静、高效的男性气质。如果同时搭配白色，能够使空间具有明快、清爽的氛围；加入暗暖色组合，则兼具力量感。

该卧室空间使用白色作为墙面的基底色彩，搭配深灰蓝色的家具和床，给人一种稳重、冷静、踏实的印象。深暗的灰蓝色作为主题色，搭配浅灰色与白色，给人以明快、洁净的印象，使得整个卧室空间充满男性的理智与成熟感。

2．蓝色与灰色搭配

如果希望空间表现出理性男性的气质，那么蓝色和灰色是不可缺少的色彩，与具有清洁感的白色搭配可以表现出男性的干练和力量感。暗浊的蓝色与深灰色相搭配，则能够使男性空间表现出高级感和稳重感。

该卧室空间使用浅灰色作为墙面的主色调，占据了空间中的面积优势，体现出高雅、素净的氛围。在背景墙局部加入灰蓝色，丰富了墙面的色彩层次。搭配蓝色的床上用品和装饰，使得空间中不同位置的蓝色能够相互呼应，表现出一种稳重与高级感。

3．无彩色搭配

大面积使用黑色、白色、灰色中的一种，或者将黑色、白色、灰色三种颜色进行搭配，都能够表现出具有时尚感的男性气质。如果以白色作为主色调搭配黑色和灰色，空间中强烈的明暗对比能够表现出严谨与坚实感。

该卧室空间使用土黄色和灰色作为墙面的主色调，给人踏实、厚重的印象。搭配黑色的家具以及白色和灰色的床上用品，整个空间表现得非常简约。但无彩色的搭配也会给人一种沉闷和单调感。在空间中点缀黄色的椅子及黄色和橙色的抱枕，可以表现出年轻男性的活力。

4. 深暗的暖色调搭配

深暗的暖色或浊暖色能够表现出厚重、坚实的男性气质，例如，深棕色、褐色等，这类色彩通常还具有传统感。如果在色彩搭配中同时加入少量的蓝色、灰色作为点缀色，可以使空间给人以绅士、考究的感觉。

　　该卧室空间使用土黄色作为墙面的主色调，搭配深棕色的家具和窗帘，给人一种厚重、踏实的感觉。床上用品则使用了纯度较高的黄色与白色相搭配，与空间中的低纯度色彩形成对比，有效突出了主题的表现，使空间表现得更加温暖、舒适，给人一种考究感。

5. 暗色调或浊色调的中性色搭配

暗色调或浊色调的中性色，例如，深绿色、灰绿色、暗紫色等，同样具有厚重感，也可以用来表现男性的特点。添加具有男性特点的蓝色、灰色等色彩进行搭配，能够活跃空间的氛围。

　　该卧室空间使用灰绿色作为墙面的主色调，搭配浅木纹色的地板和深棕色的窗帘，使空间体现出自然、厚重的氛围。搭配白色的家具和床上用品，通过明度的对比，强化了力量感，也为空间增添了一些明快的感觉。条纹形状的床上用品给人一种现代感。

5.1.2　柔和、甜美的女性家居配色

很多人认为"蓝色象征男性，红色象征女性"，这虽然有失偏颇，但还是体现了男性和女性色彩的主要特点。在表现女性色彩时，通常以红色、粉色等暖色系色彩为主，同时色调对比较弱，过渡平稳，这样能够传达出女性温柔、甜美的印象。

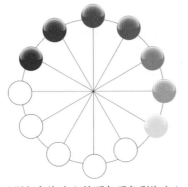

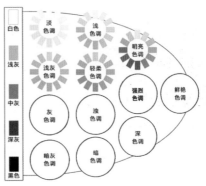

（以红色为中心的暖色系色彩为主）　　　　（以高明度的淡色调和明亮色调为主）

当人们看到红色、粉色、紫色等色彩时，很容易联想到女性。可以看出，具有女性特点的配色通常是温暖的、柔和的。在大多数情况下，以高明度或高纯度的红色、粉色、黄色、橙色等暖色为主的配色，能够表现出具有女性特点的空间氛围。除此之外，蓝色、灰色等具有男性特点的色彩，只要运用得当，同样也可以用在女性空间中。

该卧室空间使用浅米黄色作为墙面的主色调，搭配白色的窗帘和家具，使整个空间显得非常洁净、纯洁。高纯度洋红色的床单和橙色的抱枕，与明亮的墙面和家具形成非常鲜明的对比，有效地突出了空间主角的表现效果，有效地传达出女性的甜美印象。

1. 高明度暖色调搭配

使用以粉色、淡黄色为主的高明度暖色系色彩进行搭配，能够表现出女性所追求的甜美、浪漫。此外，在空间中适当搭配白色或冷色系色彩，能够使空间表现出梦幻般的感觉。

该卧室空间使用明度较高的粉红色作为墙面的主色调，搭配白色的家具，使空间显得轻盈、淡雅，演绎出女性独有的甜美、浪漫。搭配同色系花纹的床上用品，整体色调统一，色调反差很小，给人以浪漫的田园美感。

2. 暖色系淡弱色调搭配

使用比高明度的淡色稍暗且略带混浊感的暖色系色彩进行搭配，能够表现出成年女性的优雅和高贵。色彩搭配时要注意避免使用过强的色彩反差，需要保持空间中色彩的平稳过渡。

该卧室空间使用略带混浊感的肉粉色作为墙面的主色调，搭配高纯度的红色沙发，这种近似于单色系配色的暖色组合，让人感觉温馨、浪漫。在空间中加入白色家具和床上用品进行调和，使空间显得洁净、明亮，体现出成熟女性的优雅感。

3. 冷色系色彩搭配

在使用蓝色或绿色等冷色系色彩来表现女性空间时，只要使用柔和、淡雅的色调和低对比度的配色，同时加入一些白色进行调和，也能够体现女性清爽、干练的感觉。

该卧室空间使用高明度的浅黄色作为墙面的主色调，搭配土黄色的地毯，使空间给人温馨、自然的印象。背景墙使用了高明度的浅蓝色，搭配白色的家具和床上用品，给人一种清爽、洁净的感觉。虽然空间中的主题色为冷色系的蓝色，但是其明度很高，与白色的搭配组合，给人一种柔和、淡雅的感觉。

4. 紫色搭配

紫色也是具有代表性的女性色彩之一，虽然它是中性色，但是其独有的浪漫特质非常符合女性的气质。淡色调、明色调以及淡浊色调的紫色最适合表现女性高雅、优美的一面，暗色调的紫色在女性空间中宜小面积使用。

该卧室空间使用白色作为墙面的主色调，搭配黑色的家具和浅木纹色的地板，使空间显得十分简洁。在空间的窗帘、床单和地毯等多处位置搭配深紫色调，能够在空间中有效地形成呼应，也强化了紫色在空间中作为主题色的表现，使空间表现出浪漫、优雅的女性特质。

5. 对比色搭配

在空间中使用对比色表现女性的特点，适合使用弱对比。在明度较高或淡雅的暖色、紫色中加入白色，搭配恰当比例的蓝色、绿色，能够营造出具有梦幻、浪漫感的女性空间氛围。

该卧室空间使用白色作为墙面的主色调，搭配粉红色的窗帘，表现出女性热情、浪漫、甜美的特点。蓝色的床单给人一种清爽、洁净的印象，与粉红色的窗帘形成对比，但由于这两种色彩的面积并不是特别大，而且二者的对比并不是色彩的直接碰撞，所以对比效果柔和，使得空间的整体氛围和层次感更为活跃。

5.1.3　温馨、甜蜜的新婚房配色

红色代表吉祥、喜庆，是最具代表性的婚房色彩，它能够渲染出具有喜庆感的新婚氛围。如果不喜欢红色却又不得不用，可以多在软装上使用红色，避免将其大面积地使用在背景上，方便以后可以随时更换为喜欢的色彩。也可以使用粉红色取代红色来表现出喜庆感，但是要避免大面积使用，否则容易使空间过于偏向女性化。在婚房中不宜使用暗色调，因为暗色调容易使人感觉压抑，但暗色调可以作为辅助色或点缀色使用。

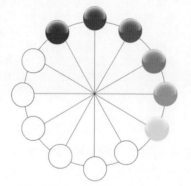

（以红色为中心的暖色系色彩为主）

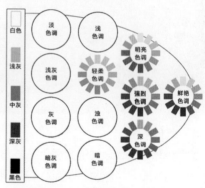

（以纯度较高的强烈色调和鲜艳色调为主）

现在很多年轻人追求个性，希望自己的婚房除了喜庆之外，还要与众不同，看起来不那么俗气。这时可以采用黄色、绿色或白色的清新组合。

该婚房使用黄橙色的花纹壁纸铺满背景墙，给人一种奢华的感觉。搭配红色的床上用品和沙发，点缀白色的抱枕和装饰，红色与白色的搭配显得非常明快。红色在空间中的表现非常突出，有效地渲染了整个空间热情、喜庆的氛围。

1. 红色为主色调的搭配

使用红色作为空间的主色调，可以使空间表现出喜庆的氛围，既可以与无彩色系如黑色、白色等搭配，又可以与近似色如橙色、黄色等搭配。如果不能接受过于鲜艳的红色，可以选择低明度或低纯度的红色，使空间表现得更加沉稳。

该婚房使用高纯度的红色作为背景墙的主色调，给人带来非常强烈的视觉刺激，强化了喜庆感，也有效地渲染了婚房的氛围。搭配白色的家具和床上用品，给人明快、清爽的感觉。在床上用品中点缀蓝色花纹的装饰，活跃了婚房的氛围，使婚房表现得更加有个性、与众不同。

2. 粉红色或紫色的搭配

粉红色和紫色都具有女性的特点，大面积使用粉红色或紫色容易使空间充满女性特点而显得过于甜美，但可以将粉红色、紫色作为点缀色使用，为婚房增添一些女性气质。比起传统的红色，此类色彩更加温和，比较容易被人接受。

该婚房使用高明度的浅紫色作为墙面的主色调，给人一种柔和、淡雅的感觉。搭配深紫色的沙发，强化了空间典雅、唯美的氛围。在空间中搭配红色的传统家具，并且点缀红色的台灯和红色花纹的抱枕，为空间添加了喜庆的新婚氛围。

3. 无彩色系的搭配

在婚房中使用无彩色系搭配会让人感觉过于暗淡，其实只要运用得当，并点缀恰当的有彩色，就会获得令人惊喜的效果。适当地在空间中使用一点特殊的金色或银色作为点缀，能够使空间表现出低调奢华的氛围。

该婚房使用浅灰色的墙面搭配浅米黄色的地面，给人一种温馨的感觉。床上用品则采用了无彩色的黑色、白色、灰色进行搭配，包括无彩色的花纹地毯，给人一种整洁、干净的印象。在空间中点缀红色的窗帘和抱枕，表现非常突出，有效渲染出婚房的喜庆氛围。在背景墙中点缀金色的装饰，使空间表现出奢华感。

4.橙色的搭配

橙色具有热烈、活泼的感觉，使用橙色来装饰婚房也非常合适。特别是纯色调或明色调的橙色，作为重点色、辅助色或者点缀色，能够极大程度地活跃整个空间的氛围，而又不显得刺激。

橙色是一种非常富有活力的色彩。该婚房使用浅棕色的欧式花纹纸铺满墙面，给人高贵、奢华的感觉。搭配橙色的床、地毯、窗帘等，与墙面和家具形成鲜明的纯度对比。橙色在空间中作为主题色，通过高纯度的方式突出表现，使得整个空间表现得非常温暖、活跃，同时也富有喜庆的氛围。

5.黄色与蓝色或绿色的搭配

在婚房装饰中，使用明色调或纯色调的黄色作为主色调，可以使整个空间表现出喜悦感。而蓝色、绿色可以让人内心平静，可以中和黄色的轻快感，让空间既有色彩的跳跃感，又不失色彩的清新感。

该婚房使用明亮的浅黄色作为背景墙的主色调，搭配黄色花纹床上用品，给人一种温暖、温馨的感觉。搭配灰蓝色的布艺沙发，灰蓝色与黄色、橙色搭配在一起，表现出清新、爽朗的氛围。加入白色的家具以及鲜亮的色彩进行点缀，通过色调之间的对比，使空间表现得更加协调、明快，营造出的氛围非常适合婚房。

5.1.4　温和、舒适的老人房配色

在装饰老人房的时候，应该多听取老人的意见，选取他们喜欢的颜色进行装饰，但有一个总体原则，就是无论使用什么色相，色调都不能太过于鲜艳，否则很容易让老人感觉头晕目眩，且老年人的心脏功能有所下降，鲜艳的色调特别是暖色很容易让人感觉刺激，不利于身体健康。

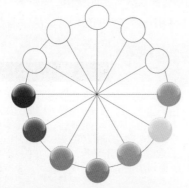

（避免使用过于刺激的颜色）

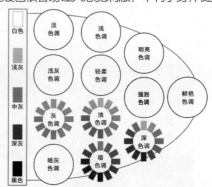

（以纯度较低的灰、浊和深暗色调为主）

　　人到老年以后会喜欢相对安静一些的环境，在装饰老人房间时需要考虑到这一点，使用一些让人感到舒适、安逸的配色。例如，使用色调较暗沉的温暖色彩，从而表现出亲近、祥和的氛围。红色、橙色等高纯度色彩容易使人兴奋，应该避免使用。在柔和的前提下，可以使用一些对比色以增添空间的层次感和活跃感。

　　该卧室空间使用棕色作为主色调，棕色的木板作为背景墙装饰，搭配同样深棕色的木纹地板及古铜色的复古家具，使空间表现出强烈的厚重、稳定和复古感。在空间角落中点缀花盆装饰，并且床上用品也采用了灰绿色花朵图案，为整个空间添加了自然、舒适的感觉。整个卧室空间给人一种复古、舒适、安逸、自然的印象，非常适合老人居住。

1．暖色系色彩搭配

　　除了纯色调和明色调以外，所有的暖色系色彩都可以用来装饰老人房。明度和纯度都较低的浊暖色系色彩，能够给老人心灵上带来抚慰，这样的空间可以使老人感受到轻松、舒适。

　　该卧室空间使用深灰褐色作为墙面的主色调，搭配黑色的家具，给人一种厚重感和踏实感。搭配白色的床上用品，显得洁净、整洁。点缀黄色的床上装饰和黄色条纹的抱枕，使空间表现得柔和、温暖，不会让人觉得单调、沉闷。

2．大地色搭配

　　大地色系的色彩，例如，棕色、褐色、土黄色等，能够给人一种质朴、厚重的感觉。如果老人比较喜欢朴素的感觉，空间中可以使用大地色系的色彩进行搭配，再加入白色或少量的灰色，使空间表现出朴素、淡雅的印象。这样的配色形式，还能够使人感觉到一丝禅意。

　　该卧室空间使用土黄色作为墙面的主色调，搭配深棕色的实木家具和木地板，土黄色和棕色都属于大地色系，使整个空间表现出质朴、厚重的感觉，让人感到踏实。在背景墙局部搭配了灰绿色花纹壁纸，使卧室空间表现出自然的气息。

3. 蓝色搭配

　　蓝色虽然很冷峻，但是只要恰当地进行搭配，也可以使用在老人房中。避免使用纯度过高的蓝色，建议以浊色调、淡浊色调或暗色调为主，可以将其用作软装，在夏天或天气炎热地区使用可以让老人感到清凉。

　　该卧室空间使用浅灰色作为墙面主色调，搭配深棕色的家具和地板，以及土黄色的花纹地毯，使空间表现出质朴、宁静的氛围。采用白色与蓝色搭配的床上用品，显得清爽、洁净。点缀蓝色花纹抱枕，使空间表现得高雅而又不会让人感觉冷硬。即使采用蓝色装饰老人房，只要控制好配色，也能够给人舒适感。

4. 中性色搭配

　　绿色同样可以应用于老人房的配色中。如果是纯度较高的绿色，在老人房中只适合作为点缀色使用；如果要大面积运用，建议使用浊色调或淡浊色调，给人一种自然、平和、舒适的感觉。而纯色调或淡色调的紫色都不适合应用于老人房中。

　　该卧室空间使用土黄色作为墙面主色调，给人一种温暖、朴素感。绿色象征生命，淡浊色调的绿色比纯色调的绿色表现更加稳重。在床上用品中多使用绿色和花纹图案进行搭配，显得柔和而又具有自然感，非常适合老年人。

5. 对比色搭配

　　恰当地使用对比色，能够使老人房的气氛活跃一些，但是色相对比要柔和，避免使用纯色对比而造成刺激。因为老人的视力减弱，如果色调对比强烈一些，能够避免发生磕碰事件。

　　该卧室空间使用白色作为墙面的主色调，在背景墙部分搭配了深暗的棕色软包装饰，并且为软包装饰搭配了银色的边框，使背景墙部分表现出厚重、温暖的效果，符合老年人的特点。床上用品部分多使用无彩色进行搭配，点缀灰蓝色的床上用品，与背景墙形成色相对比，为空间增添了一丝明快感，使空间氛围表现得更加舒适。

5.1.5　欢乐、活泼的儿童房配色

　　儿童给人天真、活泼的感觉，而明度和纯度都较高的配色，即淡色调和明亮色调，能够营造出欢快、明朗的儿童印象。全色相类型能够表现出儿童调皮、活泼的特点，蓝色、绿色多用于表现男孩，粉色多用于表现女孩。

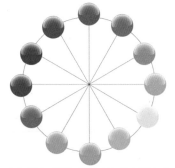

（全部色相都可用于儿童房配色）

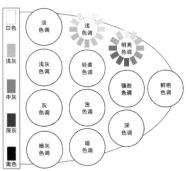

（以明度和纯度较高的浅色调和明亮色调为主）

　　不同阶段的儿童有着不同的颜色需求，在进行儿童房配色时，最重要的是考虑儿童的年龄段。婴儿的房间适合温柔、淡雅的色调，需要具有安全、被呵护的感觉，使用浅淡色调或淡浊色调能够表现出这种感觉。儿童是天真、活泼的，空间中使用高明度和高纯度的色彩来搭配，能够表现出这种感觉。少年接近于青年，空间中的配色可以更加成熟一些。

该儿童房使用黄色与绿色条纹的壁纸装饰墙面，丰富了墙面的视觉表现效果，并且有效增强了层高的表现。在空间中搭配高纯度的红橙色家具和床，使空间表现出活跃、积极向上的印象。在空间中点缀丰富的色相，以明、淡色调为主，充分表现出儿童活泼、好动的个性，也使整个空间表现得更加活跃。

1. 高明度浅色调搭配

对于婴幼儿空间的色彩搭配，需要避免强烈的刺激，所以要避免使用高纯度的鲜艳对比色进行搭配，使婴幼儿享受到温柔的呵护。婴幼儿空间适合采用浅色调的肤色、粉红色、黄色等暖色基调，营造出温馨、幸福的氛围。

黄绿色给人新生、鲜嫩的印象。该婴儿房使用高明度的黄绿色与同样高明度的浅黄色作为墙面的主色调，搭配白色的家具，使得整个空间给人一种温柔、被呵护的感觉。在墙面局部点缀红黄色条纹装饰及白色的花朵装饰图案，使空间表现得更加柔和、唯美。

2. 明亮色调搭配

随着年龄的增长，少年儿童的活动能力大大加强，活泼的性格使得他们向往外界活力。所以少年儿童的房间适宜采用比婴幼儿更为鲜艳强烈的色彩进行搭配。鲜艳明亮的色彩对于少年儿童来说更具有吸引力，也能够表现出他们活泼、好动的个性。

该儿童房使用天蓝色作为墙面的主色调，给人一种清爽、自由的印象。在空间中搭配绿色、红色、蓝色等多种色相的色彩，给人开放、自由自在的感觉。这些以明亮色调为主的色彩，在高纯度中透出明亮的感觉，营造出活泼、快乐的儿童空间氛围。

3. 冷色系色彩搭配

冷色系色彩中的蓝色带有男性的气质，所以在男孩房间中使用较多，与白色相搭配可以使空间表现出整洁的印象，与棕色相搭配则使得空间富有大自然的氛围。当然，女孩房间也可以使用蓝色进行搭配，例如，使用浅淡的高明度蓝色可以表现出柔和的印象。

活泼、好动是男孩的天性。该男孩房间中使用高纯度的蓝色作为主色调，墙面、床上用品、地毯、窗帘等使用了明度和纯度近似的蓝色进行搭配，使整体色调统一，但又存在纯度上的差异，从而表现出色彩的层次感。床上用品带有对比色图案，为空间增添了活泼感，更好地表现出男孩好动的性格特点。

4．暖色系色彩搭配

暖色系色彩中的红色、橙色、黄色，都会让人联想到女孩，所以暖色系色彩比较适合女孩房间。与成年女性不同的是，女孩房间的色彩搭配应更纯真、甜美一些，可以大面积搭配白色。

该女孩房间虽然使用了高明度的浅蓝色作为墙面的主色调，但由于其明度较高，所以给人一种柔和、清爽的印象。搭配同样高明度的粉红色，浓浓的少女气息扑面而来。点缀白色的家具和窗帘，使得空间更加具有小女孩天真、甜美、浪漫的氛围。

5．多种颜色混搭

使用多种色彩进行混搭是儿童房配色中最常见的方式。这种配色方式能够表现出儿童活泼、天真的特点，特别适合活泼好动的儿童。男孩房间可以使用蓝色、绿色作为主色调，而女孩房间则可以使用粉红色、橙色、绿色等作为主色调。

该儿童房使用白底竖条纹壁纸铺满墙面，丰富墙面的层次表现。在空间中，高纯度的蓝色床单和椅子非常醒目，搭配蓝色的床上用品，形成强烈的色彩对比，使空间表现得温暖、活跃。在空间中还点缀了橙色、绿色等多种高纯度的色彩，使空间表现得非常丰富且充满童趣。

5.2　不同氛围的客厅配色

客厅是人们经常活动和接待客人的场所，也是家庭空间的中心。一般客厅的配色设计大多根据家具、大型陈列、家纺产品、装饰品等确定颜色风格，立面的颜色裸露面积少，可以使用的颜色种类比较丰富，基本上采用比较明亮而不是非常鲜艳的颜色，从而突出客厅中其他陈设的表现，但要求整体色调统一且明快。

5.2.1　高雅

通常会使用高明度、低饱和度的色彩来表现客厅的高雅效果。如果使用高明度的暖色系色彩作为主色调，则可以使客厅空间表现出温暖、温馨的氛围；如果使用高明度的冷色系色彩作为主色调，则可以使客厅空间表现出清爽、自然、通透的氛围。

> ➤ 配色方案

RGB(188,208,218)	RGB(167,196,230)	RGB(249,203,171)	RGB(247,186,133)
RGB(216,175,194)		RGB(230,215,158)	

RGB(188,208,218)　　RGB(167,196,230)　　RGB(249,203,171)　　RGB(247,186,133)
RGB(216,175,194)　　　　　　　　　　　　　RGB(230,215,158)

RGB(237,230,240)　　RGB(242,200,191)　　RGB(179,216,163)　　RGB(233,244,229)
RGB(225,194,165)　　　　　　　　　　　　　RGB(162,207,191)

RGB(181,143,115)　　RGB(189,177,125)　　RGB(220,223,235)　　RGB(183,205,221)
RGB(164,159,132)　　　　　　　　　　　　　RGB(234,218,166)

> ➤ 案例分析

案例背景	案例类型	田园风格的客厅配色
	针对群体	中青年人士
	表现重点	通过高明度、低纯度的暖色系色调相搭配，营造出温馨、舒适的客厅氛围；通过点缀低纯度的深绿色，使客厅表现出自然、田园的气息
配色要点	主要色相	土黄色、棕色、深绿色
	色彩印象	高雅、温馨、自然、田园
	色彩辨识度	★★★☆☆

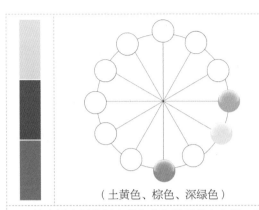
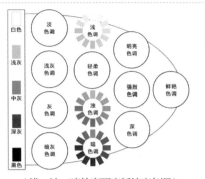

（土黄色、棕色、深绿色）　（浅、浊、暗的高明度低纯度色调）

该客厅空间使用土黄色作为墙面的主色调，使用木纹板材与花纹壁纸相结合的方式来表现背景墙的效果，使得空间表现出自然、温馨的印象。沙发采用了明度和纯度都很低的深绿色，给人一种精致高档的感觉。点缀用白色藤条编织的椅子，空间中多处搭配花纹图案，如地毯、窗帘等，整体给人一种高雅、别致、自然的印象。

> **相同印象的客厅配色**

该客厅空间使用白色作为墙面的主色调，搭配白色的欧式沙发，并且该沙发还镶嵌了金色的边框，与背景墙中金色边框的装饰相呼应，给人一种洁净、大气的印象。点缀灰蓝色的椅子和窗帘，同样对窗帘添加金边，整个客厅空间表现出清爽、自然、高雅的氛围。

深咖啡色给人一种浓郁、醇厚、温暖的感觉。该客厅设计中使用深咖啡色作为主色调，深咖啡色的地板和沙发背景墙，搭配米白色的沙发、窗帘，在暖色系灯光下表现得非常温馨，整体给人一种舒适、温暖、高雅的感觉。

该田园风格的客厅使用高明度的浅黄色作为墙面主体色，搭配棕色的家具和地面，表现出优雅、朴素的印象。棕色在家居运用中是一种比较含蓄的颜色，可以营造出沉稳、雅致的家居环境。客厅的窗帘与沙发选择了低饱和度的灰黄绿色，色调柔和，使空间显得更有生机。

5.2.2 智慧

使用中等明度和中等饱和度的色彩进行搭配，可以使客厅的整体氛围显得沉稳、富有格调。在空间中点缀少量与主体色调不同的色彩，可以使空间整体表现得更加富有现代感，表现出独特的品位与智慧。

➢ 配色方案

RGB(249,202,148) RGB(193,168,132) RGB(109,185,181)

RGB(194,193,144) RGB(234,230,177) RGB(129,125,68)

RGB(225,224,170) RGB(210,197,172) RGB(176,186,59)

RGB(155,115,92) RGB(140,88,61) RGB(188,149,95)

RGB(143,135,41) RGB(220,219,134) RGB(193,176,124)

RGB(202,192,158) RGB(236,229,183) RGB(219,223,166)

➢ 案例分析

案例背景	案例类型	现代风格的客厅配色
	针对群体	所有人群
	表现重点	中等明度和中等饱和度的黄色与棕色相搭配，使客厅表现得温和、高雅；搭配灰蓝色的沙发，体现出主人的品位
配色要点	主要色相	土黄色、棕色、灰蓝色
	色彩印象	温和、质朴、智慧、古典
	色彩辨识度	★★★★☆

142

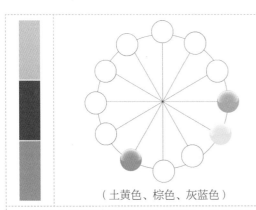

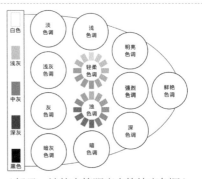

（土黄色、棕色、灰蓝色）　　　　（轻柔、浊的中等明度中等纯度色调）

　　该现代风格的客厅空间中使用浅土黄色作为主色调，与同色系色彩相搭配，表现出柔和、沉稳的印象。搭配低明度的深棕色，表现出安定、典雅的氛围。空间中还点缀了灰蓝色的沙发，色彩设计感强，表现出主人的知性。整个客厅空间营造出温馨、典雅、智慧的氛围。

> **相同印象的客厅配色**

　　原木色是一种非常自然的色彩，能够使空间氛围显得更加自然、舒适。该客厅使用纯白色作为主色调，搭配原木色的地板、家具，使整体空间表现得明亮、自然。点缀灰色的抱枕和地毯，使客厅更具有现代感。

　　该客厅空间使用咖啡色作为墙面的主色调，搭配灰色的沙发，家具多采用反光的不锈钢材质，使空间表现出很强的科技与现代感。为了使空间表现得不过于单调、沉闷，搭配了橙色的餐椅、抱枕和红色格纹的地毯，使空间表现得很活跃，并给人一种温暖感。

　　该客厅使用土黄色作为墙面的主色调，表现出温和、舒适、温馨的氛围。搭配纯白色的家具，使客厅整体表现出现代、简约感。点缀彩色条纹沙发，使得客厅的整体氛围显得更具有现代气息。

5.2.3 高贵

通常使用高明度、低饱和度的色彩搭配来体现客厅高贵、典雅的配色效果。通常情况下会使用高明度、低饱和度的色彩作为主色调，给人一种温馨、典雅的感觉，再搭配低饱和度的家具、装饰等，使整体氛围表现得更加稳重、大气。

> ➤ 配色方案

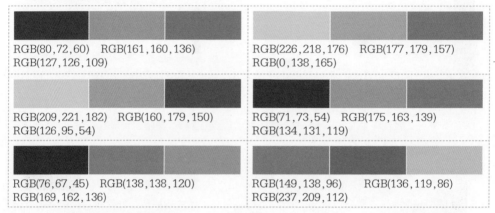

RGB(80,72,60)　RGB(161,160,136)
RGB(127,126,109)

RGB(226,218,176)　RGB(177,179,157)
RGB(0,138,165)

RGB(209,221,182)　RGB(160,179,150)
RGB(126,95,54)

RGB(71,73,54)　RGB(175,163,139)
RGB(134,131,119)

RGB(76,67,45)　RGB(138,138,120)
RGB(169,162,136)

RGB(149,138,96)　RGB(136,119,86)
RGB(237,209,112)

> ➤ 案例分析

案例背景	案例类型	欧式古典风格的客厅配色
	针对群体	中青年成功人士
	表现重点	使用灰蓝色作为空间的主色调，与土黄色、灰色等色彩进行搭配，多处加入欧式古典花纹的装饰，表现出高贵、典雅的氛围
配色要点	主要色相	灰蓝色、土黄色、灰色
	色彩印象	理性、稳重、高贵、典雅
	色彩辨识度	★★★☆☆

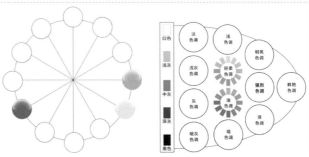

（灰蓝色、土黄色、灰色）　（轻柔、浊的中等明度中等纯度色调）

　　在该客厅空间中使用欧式花纹壁纸装饰墙面，地面都采用了土黄色的欧式花纹地毯，表现出精美而华贵的印象。蓝色与灰色的欧式沙发边缘都镶嵌了银色的边框，体现出典雅而高贵的印象，在蓝色的沙发上搭配灰色花纹抱枕，在灰色的沙发上搭配蓝色花纹抱枕，很好的形成色彩的呼应。为空间的落地窗搭配了灰蓝色的欧式窗帘，强化灰蓝色的主题色地位，整个空间给人理性、高贵、典雅的印象。

➢　相同印象的客厅配色

　　该客厅空间使用土黄色作为主色调，在暖黄色灯光的照射下，表现得更加温馨、柔和。空间中大胆使用深灰色的电视背景墙，黑色与深灰色的加入使整个空间显得更加具有高品质感。局部点缀少量的深紫红色和红色装饰，惊艳出挑，使空间给人奢华、惊艳的感觉。

　　该客厅空间以高明度的浅黄色为主色调，给人一种温馨、舒适的印象。搭配复古的花纹地砖，表现出高端、大气的氛围。搭配蓝色的欧式沙发，体现了主人非凡的品位。客厅空间整体给人高贵、大气的印象。

　　该客厅使用明亮的浅黄色作为墙面的主色调，搭配有金色边框的装饰画，给人一种奢华、高贵的印象。搭配高明度灰蓝色的欧式沙发，并且家具的边缘都镶嵌了金色装饰，搭配灰蓝色花纹地毯，使整个空间表现出典雅、高贵的氛围。

5.2.4 现代

富有现代感的客厅配色，可以大面积使用明亮的白色，再搭配无彩色的灰色、黑色或者对比色的深褐色、咖啡色等，与室内空间中简约的线条相搭配，呈现出经典、百看不厌的空间张力。如果风格允许，局部点缀明亮材质，也能为空间带来鲜明的活力感。

➤ 配色方案

RGB(165,195,207) RGB(243,211,184) RGB(229,157,92)	RGB(37,121,133) RGB(94,168,167) RGB(255,255,255)
RGB(252,200,117) RGB(186,168,150) RGB(230,204,181)	RGB(51,82,82) RGB(212,221,225) RGB(45,48,51)
RGB(44,74,82) RGB(83,112,114) RGB(244,235,219)	RGB(214,198,185) RGB(191,154,119) RGB(211,92,55)

➤ 案例分析

案例背景	案例类型	地中海风格的客厅配色
	针对群体	青年人士
	表现重点	使用高纯度的蓝色作为空间的主题色，搭配白色的墙面和家具，以及褐色的地砖，表现出清新、自然、富有现代感的家居风格
配色要点	主要色相	蓝色、白色、褐色
	色彩印象	简约、明亮、清爽、现代
	色彩辨识度	★★★★☆

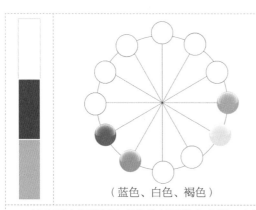

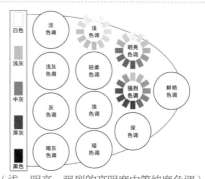

（蓝色、白色、褐色）　　　　（浅、明亮、强烈的高明度中等纯度色调）

　　该客厅空间使用白色作为墙面的主色调，在墙面中搭配蓝白相间的条纹壁纸，增强了墙面的色彩层次表现。搭配褐色的地砖，给人洁净、自然的印象。在空间中搭配高纯度的蓝色布艺沙发、蓝色花纹地毯和纯白色的家具，与蓝色的条纹壁纸相呼应，给人理性、清爽的印象。在空间中加入半拱门，使地中海风格表现得更加突出，整体空间给人明亮、清爽、现代的感觉。

> ➤ **相同印象的客厅配色**

　　该小户型空间以白色作为墙面的主色调，搭配黑色、白色的家具及灰色的窗帘，通过无彩色的搭配，使空间表现得非常简约、富有现代感。搭配浅木纹色的地板，使空间表现得更加自然。在空间中点缀高纯度的蓝色沙发，使无彩色空间表现得更加活跃、富有现代感。

　　该客厅空间使用灰褐色作为墙面的主色调，搭配高纯度的绿色沙发背景墙和米白色的沙发，体现出丰富的色彩层次，给人一种自然、清爽的印象。在空间中点缀蓝色的沙发，高纯度的绿色和蓝色的应用，使空间表现得更加富有活力与现代感。

　　该客厅空间使用白色作为主色调，搭配木纹色的家具和装饰，使空间表现得非常洁净、自然。搭配咖啡色的沙发和椅子，给人带来温暖、舒适的印象。在空间局部点缀高纯度的黄色，如抱枕、家具上的黄色线条，起到点睛的作用，使原本平和的空间多了一份活力与现代感。

5.3 不同氛围的厨房配色

厨房作为家居空间中的重要场所，当然不能被忽视。要构造一个好的厨房环境，不仅要选择一个好的地理位置，而且要有好的装饰元素。厨房的色彩搭配是其中重要的元素之一，如果色彩搭配做得好，就会让人眼前一亮、心情舒畅自在。

厨房与餐厅的色彩设计有两个要求：给做饭的人以快乐和开心，给用餐的人以食欲。在色彩设计方面要多使用食欲诱导色、明暗对比色，让厨房小小的空间显得大一点、温馨一点，让使用者喜欢和满意。

5.3.1 清新

清新的厨房配色会给人一种清爽、自然、如沐春风的感觉，通常使用高明度、中等饱和度的黄色或者黄绿色进行搭配，突出表现清新的色彩印象。

> 配色方案

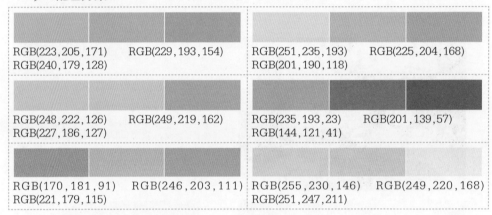

RGB(223,205,171)　　RGB(229,193,154)
RGB(240,179,128)

RGB(251,235,193)　　RGB(225,204,168)
RGB(201,190,118)

RGB(248,222,126)　　RGB(249,219,162)
RGB(227,186,127)

RGB(235,193,23)　　RGB(201,139,57)
RGB(144,121,41)

RGB(170,181,91)　　RGB(246,203,111)
RGB(221,179,115)

RGB(255,230,146)　　RGB(249,220,168)
RGB(251,247,211)

> 案例分析

案例背景	案例类型	清新风格的厨房配色
	针对群体	所有人群
	表现重点	通过黑白色的橱柜色彩搭配表现出现代感，搭配黄绿色的墙面与绿色的地垫，为厨房增添自然、清新的氛围
配色要点	主要色相	黑色、白色、黄绿色、黄色
	色彩印象	现代、自然、清新、舒适
	色彩辨识度	★★★★★

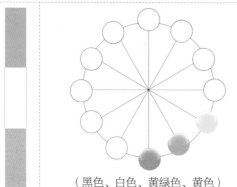

（黑色、白色、黄绿色、黄色）

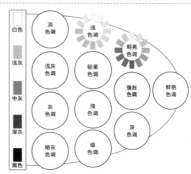

（浅、明亮的高明度中等纯度色调）

　　该厨房空间以白色为主色调，给人一种简约、洁净的感受。背景墙使用中等纯度的黄绿色，给人一种清新、自然、健康的感觉。搭配黑色与白色的厨房用具，使整体空间显得更加富有现代感。在厨房中运用暖色系的灯光，其照射在黄绿色的墙面上，显得更加温馨、舒适。

➤ 相同印象的厨房配色

　　白色是厨房中使用率最高的色彩，给人一种纯净、简洁的感觉。黑色、白色的餐桌与椅子体现出现代感，搭配浅黄色的橱柜和局部黄绿色的墙面，使空间整体表现出清新、舒适的氛围。

　　高明度的浅黄色表现得非常柔和，使用该色彩作为厨房的主色调，表现出清新、温和的氛围。搭配原木色的椅子、浅棕色的台面和灰色的背景墙，使得整个厨房空间给人自然、质朴的感觉。

　　该厨房使用高明度的浅灰绿色作为墙面的主色调，给人一种清新、自然的舒适感。搭配原木色的橱柜，使整体空间显得更加富有自然、田园的气息，色彩表现得更加舒适、自然。

5.3.2　甜蜜

　　在色相相同的情况下，色调越鲜艳，越具有强力、健康的感觉，同时浪漫、可爱的感觉则相应减少。要想表现出具有甜蜜感的厨房空间，需要采用明亮的暖色系色彩进行搭配。如果加入冷色系色彩进行搭配，则有童话般的感觉。

> ➤　配色方案

RGB(236,195,169)　RGB(239,173,120)　RGB(218,90,73)	RGB(238,199,174)　RGB(253,233,215)　RGB(211,185,161)
RGB(250,207,175)　RGB(220,180,157)　RGB(184,145,110)	RGB(204,116,83)　RGB(224,147,100)　RGB(245,179,119)
RGB(242,231,226)　RGB(246,184,144)　RGB(230,158,88)	RGB(246,213,116)　RGB(249,214,157)　RGB(162,153,125)

> ➤　案例分析

案例背景	案例类型	甜蜜印象的厨房配色
	针对群体	年轻人群
	表现重点	高纯度的红色能够给人带来浪漫、热情、甜蜜的印象。使用高纯度的红色橱柜，搭配深酒红色的吧台，使整个厨房空间表现出甜蜜、浪漫的氛围

配色要点	主要色相	红色、深红色、白色
	色彩印象	浪漫、甜蜜、优雅
	色彩辨识度	★★★★☆

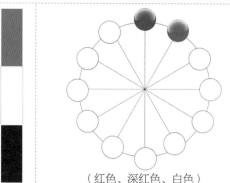

（红色、深红色、白色）

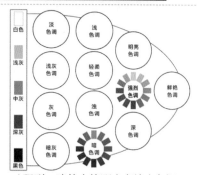

（强烈、暗的中等明度高纯度色调）

　　该厨房空间使用高纯度的红色橱柜作为主体，给人很强的视觉冲击力。搭配白色的墙面和操作台面，表现出浪漫、甜蜜的氛围。特别是在灯光的照射下，空间氛围显得格外温馨。搭配深酒红色的吧台，色调统一，给人优雅、甜蜜的印象。

> **相同印象的厨房配色**

　　该厨房空间使用浅黄色的墙面搭配高纯度红橙色的橱柜，红橙色能够诱发人的食欲，与浅黄色相搭配，它们同是暖色系色彩，使厨房空间显得格外温馨、浪漫。

　　该厨房空间使用白色作为基础色相，显得洁净、明亮。搭配高纯度的黄色橱柜，黄色是最明亮的有彩色，同时高纯度的黄色表现得非常活跃，使厨房空间表现得明亮、活跃。黄色属于暖色系色彩，与餐厅部分的褐色墙面相搭配，使空间表现得更加温馨、甜蜜。

　　该厨房空间使用中等纯度的褐色作为墙面的主色调，搭配棕色木纹橱柜和浅木纹色的地板，这几种同属于大地色系的色彩相搭配，使空间表现出自然、舒适的印象。吧台部分则采用了高纯度的洋红色，也为暖色系色彩，使厨房空间显得更加甜蜜、浪漫。

5.3.3　洁净

　　使用冷色系的青色系与蓝色系色彩相搭配，可以有效表现出厨房洁净、清爽的印象。使用高明度、低饱和度的青色或蓝色相搭配，给人一种明朗、清爽、洁净的效果；使用中等饱和度的青色或蓝色相搭配，则能够使厨房显得富有动感，并且青蓝色调有助于营造宁静的氛围。

　　➤　**配色方案**

RGB(202,215,129) RGB(165,182,162)	RGB(238,233,176)
RGB(220,221,130) RGB(188,222,180)	RGB(245,242,177)
RGB(226,216,134) RGB(242,236,137)	RGB(172,173,103)

RGB(227,229,199) RGB(204,210,129)	RGB(232,222,147)
RGB(222,229,173) RGB(121,166,188)	RGB(181,182,163)
RGB(175,232,228) RGB(134,197,193)	RGB(232,222,147)

　　➤　**案例分析**

	案例类型	洁净印象的厨房配色
案例背景	针对群体	所有人群
	表现重点	使用高明度的浅蓝色作为主色调，搭配白色，使空间表现出洁净、清爽的印象；点缀高纯度的橙色，为空间增添美味与活力感

配色要点	主要色相	浅蓝色、白色、橙色
	色彩印象	清爽、洁净、现代
	色彩辨识度	★★★★☆

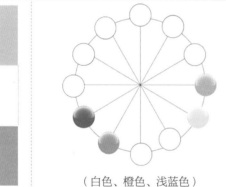

（白色、橙色、浅蓝色）

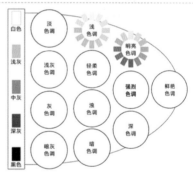

（浅、明亮的高明度中等纯度色调）

　　明亮的浅蓝色能够给人带来清爽、舒适的感觉。该厨房空间中使用明亮的浅蓝色与白色相搭配，表现出清新、洁净、明亮的氛围。在空间中点缀高纯度的黄橙色，使空间表现得更加富有活力。橙色能够激发人的食欲，可以为厨房空间赋予新的生命力。

➤ 相同印象的厨房配色

　　该厨房空间使用高纯度的蓝色橱柜，给人一种沉稳、流畅的印象。搭配浅黄色，色彩对比强烈，使厨房显得更加富有活力。使用深灰色进行缓冲，表现出现代、洁净、引人入胜的效果。

鹅黄色是一种清新、鲜嫩的颜色，能够体现出新生命的喜悦感。果绿色是让人内心感觉平静的色调，可以中和黄色的轻快感，这种色彩搭配使整个厨房空间显得更加温馨、自然。

该厨房使用白色与明亮的浅蓝色作为墙面的主色调，令人心胸开阔，可以感受到大自然的清爽、洁净。局部点缀中等饱和度的蓝色墙砖，活跃厨房的氛围，起到画龙点睛的作用。浅灰绿色橱柜的搭配，则更加体现出自然与田园的气息。

5.3.4 温暖

对于厨房空间来说，设计一个干净、刺激食欲、能够使人愉悦的色彩空间显得尤为重要。使用优良的自然材质与精湛的工艺相结合而打造的空间，给人一种自然、高档的感觉；加入暖色系色彩，可以使厨房空间给人温暖、舒适、自然的印象。

> **配色方案**

RGB(230,216,190) RGB(255,172,102)	RGB(234,207,54)		RGB(240,219,172) RGB(240,197,102)	RGB(218,158,120)
RGB(245,215,163) RGB(64,25,8)	RGB(148,153,95)		RGB(234,234,206) RGB(223,227,141)	RGB(250,198,147)
RGB(217,199,167) RGB(217,164,67)	RGB(163,166,75)		RGB(255,205,189) RGB(50,86,112)	RGB(128,50,46)

> **案例分析**

案例背景	案例类型	温暖印象的厨房配色
	针对群体	所有人群
	表现重点	使用高明度的浅黄色作为墙面的主色调，使空间显得柔和、温馨；搭配原木纹色的橱柜组合，使空间整体表现得自然、温暖

配色要点	主要色相	浅黄色、棕色、白色
	色彩印象	温暖、自然、舒适
	色彩辨识度	★★★☆☆

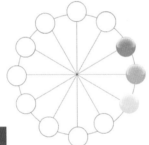

（浅黄色、棕色、白色）

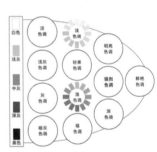

（浅、浊的中等纯度色调）

　　该厨房空间使用高明度的浅黄色作为墙面的主色调，使空间表现的非常温馨、柔和，搭配原木色的橱柜组合，显得十分具有田园风味，棕色的木制纹理展着着清雅脱俗的美感，同样属于暖色系的深色调色彩，在暖色灯光的照射下，整个空间显得更加温馨、温暖。

➢ 相同印象的厨房配色

　　该厨房空间面积较小，使用明亮的浅黄色作为墙面的主色调，搭配同色系低纯度的棕色橱柜，色调统一，并且具有一定的色彩层次感，给人一种温暖、温馨的印象。在局部墙面搭配黑色的瓷砖，与白色的操作台面形成强烈对比，很好地表现出空间层次。

该厨房空间使用浅木纹色的橱柜，给人一种自然的印象。搭配拼花的浅黄色与灰绿色墙面瓷砖，浅黄色与橱柜的浅木纹色相呼应，而灰绿色能够给人带来自然的印象，加上拼花瓷砖的应用，使厨房空间更加表现出美好的田园感，给人温暖、自然的印象。

该厨房空间使用天蓝色作为墙面的主色调，给人一种清爽、洁净的印象。搭配浅木纹色的橱柜和深木纹色的地板，使空间表现出很强的自然印象。木纹色属于暖色系色彩，与天蓝色的背景形成对比，但木纹色在空间中占据的面积更大，所以整体给人温暖、清爽的感觉。

5.4 不同氛围的卧室配色

卧室是人们日常休息的主要场所，人们的大多数时间都是在卧室里度过的，因此对卧室的配色要求比较高。卧室的颜色选择会直接影响到自己和家人的睡眠质量，还会影响到整个居室的装修效果。

在选择卧室色彩时需要综合考虑主人的喜好、房间朝向、室内光源等各方面因素。为了满足不同人的要求，颜色可以尽量丰富，而且要有层次感。颜色主要表现在墙的立面、家具、家纺、装饰品、室内光源等方面。

5.4.1 温馨

卧室的色彩搭配注重纯粹、简洁、舒适，因此，卧室中使用的色彩种类不必多。使用高明度、中等饱和度的暖色系色彩相搭配，可以使卧室洋溢出柔和的光亮和暖意，表现出温馨感。

> **配色方案**

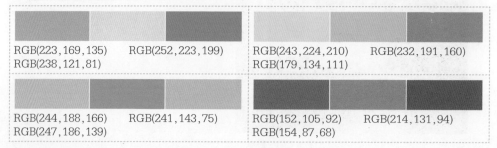

RGB(223,169,135)	RGB(252,223,199)		RGB(243,224,210)	RGB(232,191,160)
RGB(238,121,81)			RGB(179,134,111)	
RGB(244,188,166)	RGB(241,143,75)		RGB(152,105,92)	RGB(214,131,94)
RGB(247,186,139)			RGB(154,87,68)	

RGB(194,125,72)	RGB(245,175,124)	RGB(214,199,174)	RGB(161,137,92)
RGB(241,146,111)		RGB(141,120,65)	

> **案例分析**

案例背景	案例类型	现代时尚风格的卧室配色
	针对群体	所有人群
	表现重点	通过使用大地色系的浊色调进行配色，使整个空间表现出柔和、质朴的印象；点缀少量高饱和度暖色系色彩，使空间表现得更加温暖、舒适
配色要点	主要色相	褐色、浅灰色、棕色、橙色
	色彩印象	柔和、温馨、舒适、温暖
	色彩辨识度	★★★☆☆

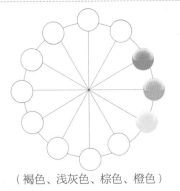

（褐色、浅灰色、棕色、橙色）

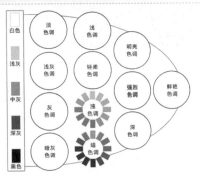

（浊、暗的低明度中等纯度色调）

　　该卧室空间使用中等明度的褐色作为墙面的主色调，搭配深棕色的家具和灰色的床上用品，显得柔和、温暖，让人感到温馨、舒适。在空间中点缀金色的装饰画，显得高档、有品位。在床上点缀高纯度的橙色抱枕，有效活跃整体空间氛围，也使空间表现得更加温暖。

➢ 相同印象的卧室配色

该卧室空间使用暖黄色作为墙面的主色调，与红木的深咖啡色相搭配，使整个卧室空间表现得非常舒适、温馨，并且富有自然气息。搭配红色、棕色的沙发，中等饱和度色彩的运用使整个空间表现得非常温暖、温馨。

该卧室使用高明度、中等纯度的黄橙色系色彩进行搭配，浅土黄色的墙面、浅棕色的窗帘和床的软包背景，显得安全舒适、简约大气。浅黄色的床上用品与深棕色的木地板，营造出安静、舒适的氛围。

该卧室空间使用明度和纯度都比较低的褐色作为墙面的主色调，在白色灯光的照射下显得格外动人。搭配灰色的床上用品和窗帘，使空间表现得质朴、素雅。在空间中多个位置点缀高纯度的红色，使空间氛围不会显得过于沉闷，而是表现得更加温馨、舒适。

5.4.2 亮丽

鲜艳的色调总是让人感到明快、亮丽，有着引人注目的能量，能够给人带来温暖。使用中等纯度的暖色系色彩作为卧室空间的主色调，可以给人温暖、舒适的印象；在空间中点缀高纯度的鲜艳色彩，能够使整个空间表现得更加亮丽、富有活力。

➢ 配色方案

RGB(250,233,176)　　RGB(247,224,191)
RGB(156,118,59)

RGB(249,217,148)　　RGB(184,172,139)
RGB(129,81,38)

| RGB(144,114,65) | RGB(188,126,41) | RGB(255,246,186) | RGB(194,200,207) |
| RGB(244,193,29) | | RGB(189,158,136) | |

| RGB(255,116,56) | RGB(255,66,56) | RGB(191,241,255) | RGB(138,180,232) |
| RGB(2,158,217) | | RGB(232,227,99) | |

> **案例分析**

	案例类型	现代时尚风格的卧室配色
案例背景	针对群体	所有人群
	表现重点	褐色与原木色等大地色系色彩的搭配，使卧室空间表现得更加舒适、宁静；点缀高纯度的红橙色，使空间显得更温暖、亮丽
配色要点	主要色相	褐色、灰色、白色、红橙色
	色彩印象	温暖、亮丽、活力
	色彩辨识度	★★★★☆

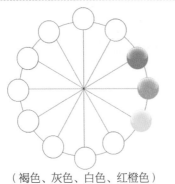

（褐色、灰色、白色、红橙色）

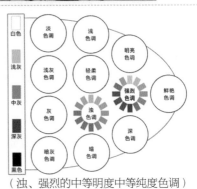

（浊、强烈的中等明度中等纯度色调）

159

该卧室空间使用褐色作为墙面的主色调,搭配原木色的地板,使空间表现得非常自然、朴素、舒适。搭配无彩色的黑色、白色、灰色家具和装饰,使空间显得简约、富有现代感。在空间中加入高纯度红橙色的点缀,使整个空间氛围变得非常温暖、亮丽、富有活力。

➤ 相同印象的卧室配色

该卧室空间使用白色作为墙面的主色调,背景墙部分使用中等明度和纯度的褐色,使空间表现得更加沉稳、自然。搭配白色印花的床上用品,为空间增添了现代感。在空间中多处点缀灰蓝色的装饰,使空间的整体色调显得不那么单调,给人一种明亮、舒适、现代的印象。

该卧室空间使用棕色搭配白色的床上用品,明度对比强烈,突出表现床的洁净与舒适感。背景墙部分的处理是该空间的亮点,使用多种高纯度色彩的竖条纹进行装饰,立体层次感明显。配合暖色系灯光的照射,使空间表现得更加亮丽、时尚。

该卧室空间使用浅灰蓝色作为墙面的主色调,背景墙部分使用灰蓝色的纹理壁纸,给人一种清爽、舒适的印象。搭配原木色的地板和家具,使空间表现得自然、质朴。黑白花纹的床上用品,具有很强的时尚气息。搭配高纯度黄色的床单和蓝色的装饰,弱对比的色彩搭配使空间表现得更加亮丽、温馨。

5.4.3 雅致

使用低纯度的黄色与黄绿色系相搭配,能够表现出舒适、雅致的整体氛围,并且黄绿色的加入往往会使卧室显得更富有生机。

➤ 配色方案

RGB(233,236,213)　　RGB(205,216,177)
RGB(161,179,43)

RGB(214,212,164)　　RGB(231,238,175)
RGB(157,178,91)

RGB(163,174,97)　　RGB(138,133,68)
RGB(129,69,43)

RGB(165,157,89)　　RGB(135,177,80)
RGB(179,187,117)

RGB(249,248,196)　　RGB(227,167,75)
RGB(170,155,84)

RGB(249,242,191)　　RGB(149,178,92)
RGB(204,208,122)

> **案例分析**

案例背景	案例类型	欧式风格的卧室配色
	针对群体	所有人群
	表现重点	使用中等纯度的浅黄色与原木色相搭配，使卧室表现出温馨、自然的印象；搭配黄绿色的窗帘、床单等，使卧室表现出自然、清新的印象
配色要点	主要色相	浅黄色、黄绿色、棕色
	色彩印象	亲切、温馨、雅致、自然
	色彩辨识度	★★★☆☆

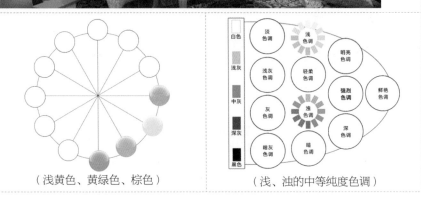

（浅黄色、黄绿色、棕色）　　　　　　　（浅、浊的中等纯度色调）

该卧室空间使用浅黄色作为墙面的主色调，结合暖色系的灯光，使空间表现得柔和、舒适。多处使用低纯度的黄绿色进行搭配，视觉效果柔和、不刺激，给人富有生机的感觉。搭配原木色的家具，使整体氛围显得更加温馨、雅致。

➤ **相同印象的卧室配色**

该卧室使用高明度的浅黄绿色作为墙面的主色调，给人清新、自然的感觉。搭配浅黄色的床单及黄绿色的被单、碎花窗帘，整体色调统一，让人感到自然、舒适。

高明度的浅黄色总是能够给人带来柔软、温馨的感觉。该卧室使用高明度的浅黄色作为墙面的主色调，搭配白色的家具和床上用品，表现出温馨、洁净的氛围。局部点缀蓝色花纹抱枕和窗帘，使空间给人简约、清爽感。

该卧室使用高明度的浅灰绿色作为墙面的主色调，与灰白色的沙发和白色的床相搭配，使空间表现得简洁、清爽。在床单、靠枕等局部搭配米白色与黄绿色相间的条纹，使空间整体表现得更加清新、雅致。

5.4.4 宁静

青色系与蓝色系的色彩都属于冷色调色彩，能够给人一种幽静、清凉的感觉；高明度的浅蓝色和浅青色更是能够带给人一种宁静、惬意和舒适的感觉。如果需要使卧室表现出宁静的印象，可以使用青色系与蓝色系作为主色调。

➤ **配色方案**

RGB(178,215,224)　　RGB(216,229,238)
RGB(12,80,122)

RGB(207,221,234)　　RGB(174,206,210)
RGB(145,172,182)

RGB(0,123,170)	RGB(111,78,27)	RGB(148,172,176)	RGB(158,190,215)
RGB(105,169,201)		RGB(205,228,232)	

RGB(178,215,224)	RGB(215,223,241)	RGB(189,225,219)	RGB(135,196,191)
RGB(177,188,200)		RGB(132,156,158)	

> **案例分析**

案例背景	案例类型	地中海风格的卧室配色
	针对群体	年轻人群
	表现重点	使用冷色调的蓝色与白色相搭配，使整个卧室空间表现出一种清爽、宁静、明朗的氛围，给人一种舒适与放松感
配色要点	主要色相	浅蓝色、白色、深棕色
	色彩印象	宁静、自然、清爽、明朗
	色彩辨识度	★★★★☆

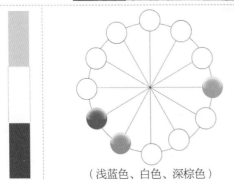

（浅蓝色、白色、深棕色）

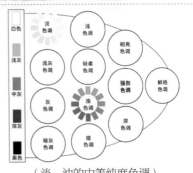

（淡、浊的中等纯度色调）

　　高明度的浅蓝色清澈而富有气质，能够让人放松，给人一种洁净、自然、宁静的感觉。该地中海风格的卧室空间使用高明度的浅蓝色作为主色调，与白色进行搭配，共同构成空间的墙面背景，给人洁净、清爽的印象。使用深棕色的花纹地砖铺满地面，搭配棕色的木纹家具，给人稳重、踏实的印象。整个空间的重心向下沉，给人明亮、清爽、踏实、宁静的感觉。

> ➤ **相同印象的卧室配色**

　　高明度的浅蓝色与纯白色的搭配，会让人感到非常明亮、清爽、柔和，给人带来沉静、美好、自然的印象。为床单、抱枕等搭配中等纯度的黄绿色，使整个卧室空间表现得更加春意盎然。

　　该卧室使用高明度、中等纯度的青色作为墙面的主色调，搭配纯白色的家具，表现出一种洁净、清爽的效果。搭配黄绿色的床上用品及台灯，为卧室空间增添自然的气息，空间整体给人清爽、雅致、宁静、自然的感觉。

　　该卧室房间的配色非常简洁、清爽，使用纯白色作为墙面的主色调，使空间显得洁净、简约。搭配深蓝色的背景墙和踢脚线，以及青灰色的家具，为卧室空间增添了清爽、宁静的印象。

5.5　不同氛围的儿童房配色

　　儿童是需要我们共同爱护的群体，往往给人可爱、活泼、稚嫩的印象。儿童的视觉感非常强烈，对色彩非常敏感，对鲜亮的、色相特征清晰的颜色识别性强、兴趣高，喜好红色、蓝色、绿色、橙色等色彩。儿童喜欢的颜色通常比较明亮鲜艳，因此在儿童房的配色上要使用明亮一些的颜色，在色相上要保持区域的相对统一。

5.5.1　自然

　　蓝色系、青绿色系都是最能表达自然气息的色调。明度比较高的蓝色和青绿色墙面能够使整个室内空间如林中竹笋、雨后森林一般，给人一种清新、自然、淡雅的感觉。

➢　配色方案

RGB(225,200,69)　RGB(186,179,84)　RGB(91,187,149)	RGB(62,142,127)　RGB(69,174,207)　RGB(91,156,197)
RGB(248,203,124)　RGB(233,216,51)　RGB(154,204,114)	RGB(67,176,137)　RGB(148,195,85)　RGB(81,185,188)
RGB(232,211,93)　RGB(240,167,106)　RGB(210,125,83)	RGB(238,222,74)　RGB(130,166,107)　RGB(197,164,104)

➢　案例分析

案例背景	案例类型	自然风格的儿童房配色
	针对群体	少年儿童
	表现重点	使用自然界中的色彩作为该儿童房的主要色彩，体现出一种自然、清新的印象；点缀多种不同的色彩，使整体空间表现出儿童天真的特点
配色要点	主要色相	浅蓝色、绿色、橙色
	色彩印象	自然、清新、天真、活泼
	色彩辨识度	★★★★☆

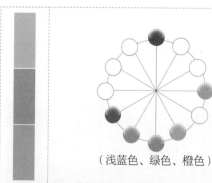

（浅蓝色、绿色、橙色）

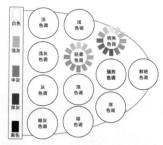

（轻柔、明亮的中等明度中等纯度色调）

　　该儿童房使用高明度、低饱和度的青色作为墙面的主色调，让人感到清新、自然。搭配绿色与黄绿色的床上用品，更加增添了自然、清新的印象，让人感到舒适。在墙面上点缀多种中等饱和度色调的装饰，活跃空间氛围，表现出儿童天真、活泼的特点。

> ➤ **相同印象的儿童房配色**

　　浅粉色的墙面让人感觉柔和、可爱、温暖，搭配黄绿色的窗帘与沙发，高明度的色彩搭配让人感到自然、清新。搭配原木色的床，使空间显得富有田园气息。

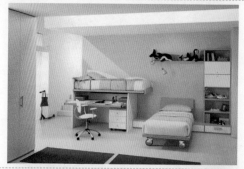

　　黄色给人一种富有活力的感觉，非常适合儿童房的配色。该儿童房中使用纯白色作为墙面的主色调，让人感到纯净、简洁。搭配黄色的家具和黄绿色的床上用品，使空间充满活力，给人自然、清新的印象。

　　浅灰蓝色可以缓和蓝色的冰冷，给人一种柔和、平静的感觉。该儿童房使用高明度的浅灰蓝色作为墙面的主色调，搭配同色系的床单和白色的家具，使空间表现出清爽、宁静的氛围。点缀黄绿色的椅子和抱枕，使得空间表现得更加自然、清新。

5.5.2　童话

童话般的儿童房通常采用丰富的色彩进行搭配，整体饱和度较高，表现出有个性、大胆、富于挑战的空间氛围。

> ➤ **配色方案**

RGB(202,107,30) RGB(244,175,35)	RGB(238,125,66)	RGB(115,110,177) RGB(193,109,47)	RGB(207,63,41)
RGB(148,181,44) RGB(238,120,54)	RGB(185,173,21)	RGB(111,174,223) RGB(208,68,112)	RGB(58,80,174)
RGB(208,204,32) RGB(244,156,23)	RGB(243,218,37)	RGB(206,91,30) RGB(129,34,89)	RGB(245,188,29)

> ➤ **案例分析**

	案例类型	童话风格的儿童房配色
案例背景	针对群体	少年儿童
	表现重点	使用高饱和度的自然色彩进行搭配，使得整个空间给人一种色彩缤纷的童话世界的感觉；点缀多种高饱和度的色彩，使空间显得更加活跃
配色要点	主要色相	蓝色、绿色、橙色、黄色
	色彩印象	宁静、舒适、童话、活跃
	色彩辨识度	★★★★★

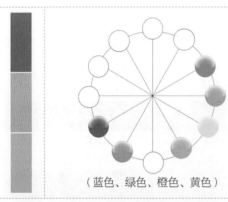
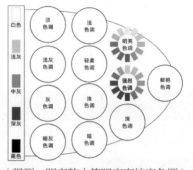

（蓝色、绿色、橙色、黄色）　　（强烈、明亮的中等明度高纯度色调）

该儿童房使用中等纯度的蓝色作为墙面的主色调，与黄绿色的顶面相搭配，使得整个室内空间仿佛大自然一般，给人带来童话般的感受。因为蓝色属于冷色调，为了避免空间显得过冷，在局部点缀黄色与橙色，丰富空间的色彩表现，也使房间表现得更加温馨、舒适。

➤ 相同印象的儿童房配色

该儿童房使用中等饱和度的红色作为主色调，巧妙利用白色的家具与图案装饰作为过渡，使得整个空间更像一座公主的城堡。搭配暖黄色的灯光，使空间氛围显得更加温馨。

该儿童房使用中等饱和度的蓝色作为主色调，与灰蓝色相搭配，使整个空间更像梦幻般的宇宙空间，激发孩子无穷的想象力。局部点缀红色，使空间氛围不至于显得太过冷清。

高饱和度的海蓝色是一种令人放松的清澈颜色，既有蓝色的理性，又略带聪明、干练的感觉。该儿童房使用海蓝色作为墙面的主色调，表现出舒适、宽阔的氛围。搭配黄绿色的床上用品、地毯和窗帘，使整个空间显得更富有童话气息。

5.5.3　欢乐

在儿童房的设计中需要能够给人带来欢乐、愉快的色彩印象，可以使用明艳的黄色作为主色调，搭配红色、浅绿色、粉色和天蓝色等，给人充满活力的感觉。些许绿色的加入可以使空间显得更加富有朝气，营造出活跃、动感的氛围，同时又具有一种清新、自然的气息。

➢ **配色方案**

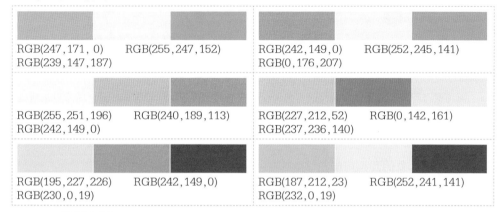

| RGB(247,171,0) | RGB(255,247,152) | RGB(242,149,0) | RGB(252,245,141) |
| RGB(239,147,187) | | RGB(0,176,207) | |

| RGB(255,251,196) | RGB(240,189,113) | RGB(227,212,52) | RGB(0,142,161) |
| RGB(242,149,0) | | RGB(237,236,140) | |

| RGB(195,227,226) | RGB(242,149,0) | RGB(187,212,23) | RGB(252,241,141) |
| RGB(230,0,19) | | RGB(232,0,19) | |

➢ **案例分析**

案例背景	案例类型	欢乐风格的儿童房配色
	针对群体	少年儿童
	表现重点	使用高纯度的蓝色墙面搭配土黄色的地毯，使空间表现出如同蓝天、大海、沙滩般的自然印象，在空间中搭配高纯度黄色和白色的家具，使空间充满欢乐的气息
配色要点	主要色相	浅蓝色、蓝色、黄色
	色彩印象	清爽、欢乐、活力
	色彩辨识度	★★★★★

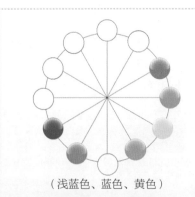

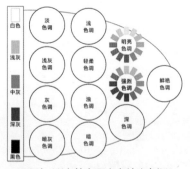

（浅蓝色、蓝色、黄色）

（强烈、明亮的高明度高纯度色调）

  该儿童房使用浅蓝色作为墙面的主色调，而背景墙部分则使用了高纯度蓝色的木板进行装饰，形成同色系不同纯度的对比，给人一种柔和、清爽的感觉。搭配土黄色的地毯，整个空间仿佛使人置身于沙滩、大海中一般。在空间中重点搭配高纯度的明亮黄色和白色的家具，使整个空间表现出欢乐、富有活力的氛围。

> ➤ **相同印象的儿童房配色**

  该儿童房使用浅黄色作为墙面的主色调，使空间显得温馨、明亮。搭配高纯度黄色的床和窗帘，使空间表现出活跃的氛围。在空间中点缀多种高纯度色彩，如多种色彩图案的地毯、绿色的椅子、粉红色的沙发等，使空间表现得更加欢乐。

  该儿童房使用天蓝色作为墙面的主色调，并且在墙面上绘制了动物和树木的插画，使人仿佛置身于大自然之中。搭配多种高纯度色彩的家具和装饰，表现出儿童天真、多彩的内心世界，使整个空间给人带来自然、欢乐、充满活力的印象。

  该儿童房使用纯白色作为墙面的主色调，而空间中的装饰则采用了多种高纯度的色彩进行搭配，在白色的衬托下，高纯度色彩表现得非常突出。多种高纯度色彩动物图案的地毯，以及蓝色与黄色相间的玩具等，都能够充分表现出儿童天真、活泼的个性，使整个空间充满欢乐气息。

5.5.4 跃动

在对儿童房进行家装设计时，跃动的色彩总是非常受欢迎的，多元的色彩搭配可以留给人们丰富的印象。黄色的欢乐和动感、红色的热情，总是给人带来激情和欢乐的感觉，同时能够营造出活跃的氛围。对比色的搭配，再加上一些浅淡色调的搭配，能够使整个空间显得更加欢快。

➤ **配色方案**

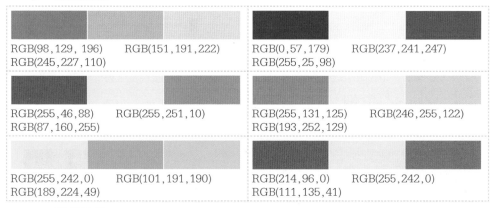

RGB(98,129,196)　　RGB(151,191,222)
RGB(245,227,110)

RGB(0,57,179)　　RGB(237,241,247)
RGB(255,25,98)

RGB(255,46,88)　　RGB(255,251,10)
RGB(87,160,255)

RGB(255,131,125)　　RGB(246,255,122)
RGB(193,252,129)

RGB(255,242,0)　　RGB(101,191,190)
RGB(189,224,49)

RGB(214,96,0)　　RGB(255,242,0)
RGB(111,135,41)

➤ **案例分析**

案例背景	案例类型	跃动风格的儿童房配色
	针对群体	少年儿童
	表现重点	高纯度的橙色非常富有活力，使用高纯度的橙色作为墙面的主色调，并且在空间中搭配其对比色蓝色，以及其他高纯度色彩，使空间表现得跃动、富有活力
配色要点	主要色相	橙色、蓝色、绿色、黄色
	色彩印象	跃动、活力、强烈
	色彩辨识度	★★★★★

 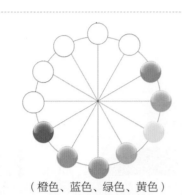

（橙色、蓝色、绿色、黄色）

（强烈、鲜艳的高纯度色调）

　　该儿童房使用高纯度的橙色作为其中一面墙的主色调，搭配高纯度蓝色的窗帘，与橙色的墙面形成非常强烈的对比，从而突出表现空间的跃动与活力感。搭配绿色、橙色、蓝色等多种高纯度色彩，使空间表现得非常活跃，给人富有青春活力的印象。

> ➤ 相同印象的儿童房配色

　　该儿童房以赛车为主题，使用高纯度的黄色作为墙面的主色调，其中一面墙使用了黑白格纹和公路图案进行装饰，使空间表现得富有动感与活力。在空间中还加入了多种不同的赛车元素进行装饰，突出表现该儿童房的主题。

　　高纯度的红色给人一种热情、富有激情的印象。该儿童房空间使用高纯度的红色作为墙面的主色调，而地面和局部墙面则使用了高纯度的蓝色作为主色调，与红色的墙面形成强烈的对比。在空间中加入白色的家具进行调和，使空间表现出跃动、富有活力的效果。

　　该儿童房最大的特点在于墙面色彩的处理，将墙面色彩从上至下处理为浅蓝色到深蓝色的渐变效果，从而增强了墙面色彩层次的变化，并且使空间表现出海底的视觉效果。搭配白色的窗帘和家具，使空间表现得清爽、洁净。点缀高纯度粉红色的床上用品、椅子及青色的沙发椅，使空间表现得更加富有活力。

5.6　不同氛围的书房配色

书房是人们读书学习、提升文化水平、静心冥想的地方，要求色彩设计突出安静、稳重、光线明亮、环境舒适的风格。在色彩设计方面不要使用过于鲜亮、刺激的颜色，多使用暖色系、咖啡色系、砖红色系、原木色系，搭配黄色、棕色、黄绿色、奶白色等亮色系色彩，使书房表现出古朴书香的氛围，并且有现代简约的风尚。

5.6.1　古朴

要想体现古朴的书房印象，大多使用中等明度、中等饱和度的色彩相搭配，通常会选择棕色、咖啡色、土黄色等暖色系色彩。这样的色彩能够给人沉稳、安静的印象，也较容易营造出古朴的印象。

> ➤　配色方案

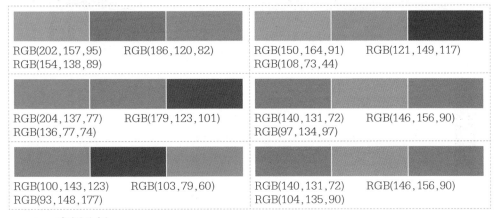

RGB(202,157,95)　　RGB(186,120,82)
RGB(154,138,89)

RGB(150,164,91)　　RGB(121,149,117)
RGB(108,73,44)

RGB(204,137,77)　　RGB(179,123,101)
RGB(136,77,74)

RGB(140,131,72)　　RGB(146,156,90)
RGB(97,134,97)

RGB(100,143,123)　　RGB(103,79,60)
RGB(93,148,177)

RGB(140,131,72)　　RGB(146,156,90)
RGB(104,135,90)

> ➤　案例分析

案例背景	案例类型	中式风格的书房配色
	针对群体	年龄稍长的中年人士
	表现重点	使用中等明度、中等饱和度的暖色系色彩相搭配，并且书桌与书柜采用中式家具的造型，整体给人一种古朴、自然的印象
配色要点	主要色相	浅棕色、深棕色、深绿色
	色彩印象	传统、古朴、自然、温馨
	色彩辨识度	★★★★☆

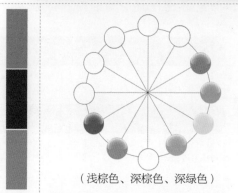

（浅棕色、深棕色、深绿色）

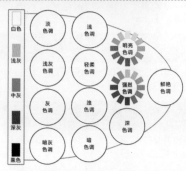

（强烈、明亮的中等明度中等纯度色调）

　　该书房空间使用同色系不同明度的棕色相搭配，中式的深棕色书桌和书柜以及它们表面清晰的木制纹理，都能够表现出古朴、天然的印象，让整个空间显得非常安静。点缀深绿色的桌布及花纹地毯，这样的巧妙搭配，让人可以充分感受到阅读的乐趣。

> **相同印象的书房配色**

　　原木色一直是书房的最爱。原木色的桌椅、书架都得到居家者的喜爱，能给人带来自然、古朴的感觉。卡其色是白色的延伸，显得不那么单调，也一直是环保人士所钟爱的颜色。采用这两种颜色装饰的书房可以让人放松心情，自由自在地享受书海时光。

黄色的墙面搭配欧式的传统古典书桌，使书房表现得非常典雅、古朴。搭配红色砖纹效果的书柜，使书房表现得更加古朴、富有个性。点缀黄绿色的格纹沙发，在古朴的环境中融入一些自然气息，使书房给人典雅、古朴、富有自然气息的感觉。

棕色给人一种稳重、踏实的印象，它也是原木的一种色彩。该书房使用浅土黄色作为墙面的主色调，搭配棕色的木纹办公家具，清晰的木质纹理给人一种自然、稳重的印象。搭配深咖啡色的皮质椅子及浅咖啡色的格纹地毯，使书房表现出格调高雅、古朴的印象。

5.6.2　宁静

人们对于书房的基本要求是宁静，因此在色彩选择上要尽可能避开高纯度的鲜艳色彩。较柔和的色彩对比和色彩之间的统一，可以使空间表现出朴素、宁静的效果。由同色系或者类似色进行配色，使用暗色调或者浊色调，以强化空间的宁静氛围。

➢　**配色方案**

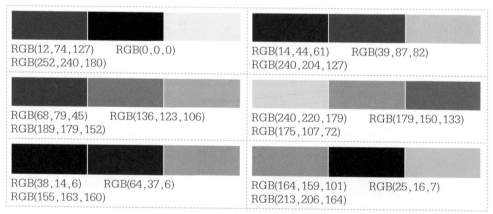

| RGB(12,74,127) | RGB(0,0,0) | RGB(14,44,61) | RGB(39,87,82) |
| RGB(252,240,180) | | RGB(240,204,127) | |

| RGB(68,79,45) | RGB(136,123,106) | RGB(240,220,179) | RGB(179,150,133) |
| RGB(189,179,152) | | RGB(175,107,72) | |

| RGB(38,14,6) | RGB(64,37,6) | RGB(164,159,101) | RGB(25,16,7) |
| RGB(155,163,160) | | RGB(213,206,164) | |

➢　**案例分析**

案例背景	案例类型	宁静印象的书房配色
	针对群体	所有人群
	表现重点	使用深暗的灰蓝色作为墙面的主色调，搭配白色的窗帘，给人洁净、沉稳的印象，在空间中搭配来自大自然的材质，使空间表现得宁静、自然

175

配色要点	主要色相	深蓝色、棕色、米黄色、白色
	色彩印象	宁静、自然、洁净、理性
	色彩辨识度	★★★★☆

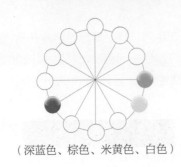

（深蓝色、棕色、米黄色、白色）

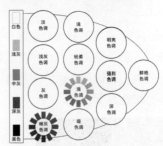

（浊、暗灰的低明度中等纯度色调）

　　该书房空间使用深暗的蓝色作为墙面的主色调，给人一种理性、沉着的感觉。搭配白色的窗框和窗帘，使空间显得洁净。在空间中搭配原木色的家具、编织的麻布地毯以及藤条编织的装饰，这些都能够体现出自然的印象。搭配米黄色的布艺沙发，使整体空间给人一种自然、宁静的感觉。

➤ 相同印象的书房配色

　　该书房空间使用类似报纸的灰色壁纸装饰墙面，使空间表现出浓厚的学习氛围。搭配深棕色的木纹地板和书桌，使空间表现得宁静、朴实。搭配浅灰色的布艺沙发，房间整体色调统一。空间中采用接近无彩色的暗浊色调进行搭配，表现出质朴、宁静、踏实的氛围。

　　棕色和褐色是具有自然气息的色彩。该书房空间使用深棕色的木地板搭配棕色的木制纹理家具，表现出浓厚的自然气息。搭配灰棕色的沙发、土黄色的地毯等，同色调、不同明度和纯度的色彩进行搭配，整体色调统一。空间中使用大地色系的色彩进行搭配，给人一种自然、稳重、安静的印象。

　　蓝色可以给人清爽、悠远、宁静的印象。该书房空间较小，使用蓝色作为墙面的主色调，搭配白色的家具，使空间显得清爽、敞亮。搭配深棕色的木纹地板和办公桌，显得稳重、大气。墙面上搭配具有古典韵味的装饰画，使整个空间表现出宁静的氛围。

5.6.3　书香

　　通常情况下，书房的配色需要选择中等明度、低饱和度的色彩，这样才能给人比较柔和的感觉。还可以选择一些棕色、咖啡色系的家具进行搭配，使书房整体表现出宁静、书香的氛围。

> 配色方案

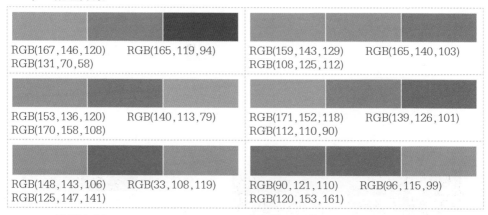

RGB(167,146,120)　　RGB(165,119,94)
RGB(131,70,58)

RGB(159,143,129)　　RGB(165,140,103)
RGB(108,125,112)

RGB(153,136,120)　　RGB(140,113,79)
RGB(170,158,108)

RGB(171,152,118)　　RGB(139,126,101)
RGB(112,110,90)

RGB(148,143,106)　　RGB(33,108,119)
RGB(125,147,141)

RGB(90,121,110)　　RGB(96,115,99)
RGB(120,153,161)

> 案例分析

案例背景	案例类型	田园风格的书房配色
	针对群体	所有人群
	表现重点	使用中等明度、中等饱和度的自然色彩相搭配，使书房表现出温馨、宁静的印象；点缀少量格纹元素装饰，使书房显得富有田园气息

配色要点	主要色相	灰绿色、浅棕色、白色
	色彩印象	平和、自然、书香、田园
	色彩辨识度	★★★☆☆

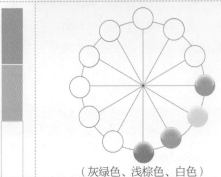

（灰绿色、浅棕色、白色）

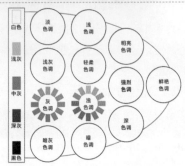

（灰、浊的中等明度中等纯度色调）

　　该书房使用中等明度、低纯度的灰绿色作为墙面的主色调，给人一种自然、清新的印象。搭配简约的白色书柜及浅棕色的书桌，给人自然、原生态的感觉。格纹地毯的运用则使书房显得富有田园气息，整体让人觉得宁静、舒适、自然。

➤ 相同印象的书房配色

　　土黄色是室内设计中常用的一种墙面色彩，其颜色平和、温馨。该书房使用土黄色作为墙面的主色调，搭配深棕色的书柜和暖色系的灯光，使书房表现得更加温馨、舒适。点缀黑白花纹沙发和玻璃书桌，使书房更具有一些现代气息。

　　绿色虽然是适合书房的颜色，但是深绿色会让人感到压抑，因此书房可以以白色为主色调，搭配小面积的绿色元素。例如，一把绿色的布垫座椅，一面绿色的创意墙，都能让人觉得眼前一亮。绿色与白色的搭配，也能让书房看起来更加清凉。

　　该书房以白色为主色调，浅黄色的背景墙，搭配棕色的书桌、书架等家具，给人一种厚重、沉稳的感觉。在这种环境中工作和学习，能够很快进入状态。

5.6.4　稳重

　　黑色、深咖啡色、深棕色、深褐色等大地色系的色彩是表现稳重、厚重感的颜色，它们色调暗浊，色相偏暖，如果大面积使用，会给人一种压抑、沉闷的感觉。加入一些暗浊的灰绿色或灰蓝色，可以为空间增添坚定的氛围，给人大气、稳重的印象。

> ➤ **配色方案**

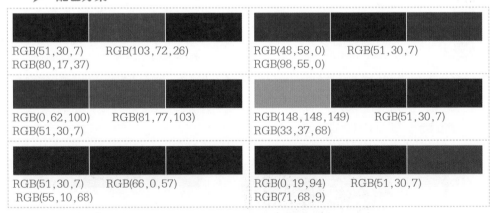

RGB(51,30,7)　　　RGB(103,72,26)
RGB(80,17,37)

RGB(48,58,0)　　　RGB(51,30,7)
RGB(98,55,0)

RGB(0,62,100)　　　RGB(81,77,103)
RGB(51,30,7)

RGB(148,148,149)　　　RGB(51,30,7)
RGB(33,37,68)

RGB(51,30,7)　　　RGB(66,0,57)
RGB(55,10,68)

RGB(0,19,94)　　　RGB(51,30,7)
RGB(71,68,9)

> ➤ **案例分析**

案例背景	案例类型	稳重风格的书房配色
	针对群体	所有人群
	表现重点	使用不同明度的棕色进行搭配，使空间表现出自然、踏实的氛围；点缀灰绿色条纹的窗帘，打破空间的沉闷，使整体表现出踏实、稳重与高档感

配色要点	主要色相	棕色、深棕色、灰绿色
	色彩印象	稳重、踏实、高档
	色彩辨识度	★★★☆☆

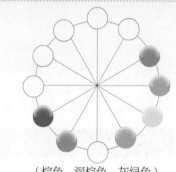

（棕色、深棕色、灰绿色）

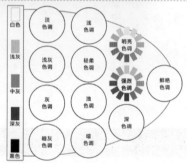

（强烈、明亮的中等明度中等纯度色调）

　　该书房空间使用棕色木纹地板搭配深棕色的书柜，以及深棕色的书桌和土黄色欧式花纹椅子，使得空间表现出强烈的厚重感，让人感觉踏实。在书桌下方搭配黑白花纹的不规则地毯，为空间增添一些现代感。为了使空间不会显得过于沉闷，搭配灰绿色条纹窗帘，整体给人踏实、稳重、高档感。

➤ **相同印象的书房配色**

　　该书房空间使用大地色系色彩进行搭配，使用土黄色作为墙面的主色调，并且设计了格纹线条效果，使墙面的表现效果更加丰富。搭配深棕色的木制家具，包括书柜、书桌等，给人一种自然、厚重、质朴的印象。地面则搭配了土黄色的地毯，整体色调统一。

　　蓝色给人一种清爽、宁静的印象，而深暗的灰蓝色则能够给人一种理性、厚重的印象。该书房墙面设计了深灰蓝色的家具和装饰，使空间表现得非常理性、稳重、踏实。空间顶部为白色花纹浮雕效果，与地面的白色地毯相呼应，为空间增添了洁净感。点缀金色的吊灯和装饰，使空间表现得奢华、高贵。

　　该书房空间使用青灰色作为墙面的主色调，搭配深棕色的木纹家具和地板，给人厚重、踏实、自然的印象。书桌的台面部分采用暗青色的大理石材质，显得非常厚重、自然。整个书房空间的材质几乎都来自大自然，表现出非常踏实、厚重的氛围。